序｜作为"母亲的女儿"踏上旅程

斋藤环

我在日常的临床现场经常感慨的一点是母女关系的特殊性。

即便同为母女关系，每一对母女的情况也不尽相同。有的女儿生活在让人非常压抑的母亲身边，痛苦得喘不过气，有的女儿和母亲过于亲近，想离开却离不开，十分纠结。还有那种乍一看十分和谐的母女，但稍微有点水花，水面下的波澜就会浮现，这种情况也不少见。虽说父子关系也一贯存在着很多问题，可在"问题的形式"上却简单很多。

留意到母女关系的特殊性后，我出版了一本书，名为《母亲控制着女儿的人生——为何"弑母"如此之难》❶（NHK出版，2008 年）。亲子关系当然还包括父子关系、父女关系、母子关系，但母女关系在这里面性质明显不同。可直到最近，

---

❶ 日语书名为『母は娘の人生を支配する——なぜ「母殺し」は難しいのか』，台湾已出版书名为《弑母情结——互相控制与依存的母女战争》（联合文学）。

这种不同才被注意到，做成了妇女杂志的特辑，受访者也渐渐通过各种活动和写作发出了自己的声音，可我一直觉得走到这一步花费了太长时间。这个问题仍旧会因为难以言说，以后只能维持现状吧。

母女问题不仅仅在日本备受关注，欧美国家也出版了很多描述母女关系之难的书籍，不少还成了畅销书。可以说母女关系是普遍存在的问题。

即便如此，绝大多数的男性却丝毫意识不到这个问题的存在。这是为什么呢？首先是没有共鸣。比如说，他们虽然知道"婆媳关系"的复杂，却对"母女关系"的麻烦缺乏想象。不，更残酷的现实是，即便是我这个能理解问题所在的男人，至今也难以对她们产生共鸣。

说句更不严肃的，我之所以进入这个领域，从零开始钻研，更多是出于对"别人的事情"有好奇心，想着"即便不能共鸣也会很有趣"。一般来说，研究这个领域的最好是一定程度上积累了相关知识储备和经验的专家，可我偏偏半路出家参与进来，是因为我了解到这个领域里几乎没有男性角度的研究和著作。

幸运的是，我的拙作似乎得到了不错的评价，大家说"男性能写成这样真挺好的"。而且，书的受众面很广，远远超出了我的预期，连我被邀请去演讲的机会也增加了不少，常作为讲师和大家探讨母亲和女儿这个主题。书里的受访者对拙作表达出的共鸣和理解也给了我很大的鼓励，反过来说"完全不是这回事"之类的批评和反调至今还未遇到。这不免让我相信我的问题提出和分析，没有跑偏太多。

本书是我以母亲和女儿为主题创作的第二本书，也是一本对谈集。我有机会在书里与五位嘉宾做了对谈，有的是我在写前一本书时参考过其观点的学者，有的则是我在出书后才认识的，但十分想与之交流。

田房永子老师出过很多本漫画，还把自己亲历的母女关系的纠葛画在了作品里，但对谈时她表达了作为当事人的苦闷，吐露了她如何挣脱纠葛，以及踏上治疗旅程的契机。角田光代老师写过好几本真实描述母女关系的小说，对谈中她主要用母子关系做对比，述说了其中感受的不同。萩尾望都老师围绕她的杰作《蜥蜴女孩》，讲述了自己与母亲之间经历的趣事，是很宝贵的素材。信田小夜子老师和我一样从治疗者的角度出发，从性别差异的视角论述了母女关系的难处。水无田气流老师从自己有些特殊的母女关系展开延伸，从广义的家族社会学视角做了十分有趣的分析。

每一位老师的真知灼见和批评指正都给了我在男性角度根本意识不到的启发，也让本书有了比之前更深入的探索。

在各位读者阅读我和老师们的对谈之前，我想先简单说明一下本书的成书脉络，尤其希望男性读者了解这一点。在这个问题领域，彼此的主观感受错综复杂，单纯某一个人的证词难以发挥作用。我以精神分析的思路为基础，简单论述一下母亲和女儿之间的关系到底有多复杂。

我的观点其实十分简单。为什么母女关系更特殊呢？一言以蔽之，是由于双方共有"女性的身体"。

一定会有人反驳，甚至断言，难道男性不共有身体吗？从精神分析的角度来说，且说得极端一点，男性并不真正拥有身体。健康男性的身体可以说是"透明的存在"，而且，他们在日常生活中几乎意识不到自己的具身性 ❶。男人只有在生病等特殊情况下，才会意识到自己的具身性。

---

❶ 具身性，日语原文为「身体性」，来自英文 embodiment，是一个在认知哲学领域内使用的术语，其主要含义是指：人类认知的诸多特征都在诸多方面为人类的生物学意义上的"身体组织"所塑造，而不是某种与身体绝缘的笛卡尔式的精神实体的衍生物。（本文没有特别说明的注释，均为译者注）

有人可能会就此提出反对意见，但我想说的是，这个论点是把男女的性别抽象化之后，强调男性在心理层面上很难意识到身体的存在。读者能理解这一点就好。

与此相对，女性平时不得不意识到自己的具身性。首先，女性在身体健康的时候就比男性有更多机会感觉到身体的违和，比如月经。同样的，她们遇到低血压、便秘、起立时眩晕、头疼等不舒服的情况也比男性多得多。也就是说，日常生活里她们有更多的概率被迫感知到身体的存在。

其次是性别偏见。我们经常听到"女人味"这个词吧，大家请试着想一下构成女人味的要点，比如端庄文雅的举止，落落大方的谈吐，还有华丽优雅的服装搭配等，我们会想到各种各样的要点。其中绝大部分都与具身性紧密相关。简而言之，培养出女性的女人味，一定要让她们的身体变得有女人味，除此之外别无他法。

不仅如此，还有抽象意义上的"女人味"，比如"优雅""温柔""不露锋芒、低调克制"等，本质上几乎都是男性价值观（"八面玲珑""坚定有力""积极性"）的反面。换句话说，这种"女人味"需要压抑主体的欲望，让她们放弃自己。

简单总结以上的内容，就是在"女人味"的向量里有两个相互矛盾的方向。

一个方向是他者想要得到的"女人味的身体",另一个是需要压抑主体欲望的"女人味的态度"。在这里,前者的"欲望"是被肯定的,而后者的"欲望"是被否定的,矛盾由此而生。有一种说法认为,正是这种孕育了"女人味"的悖论,才让女性更容易产生空虚感和抑郁的情绪。

指向女人味的"教养"是指培养有女人味的具身性和态度,而前者只有母亲才能做到。简而言之,母亲对女儿的教育几乎都是从她们无意识地控制女儿的身体开始的。无论其目的是有意的还是误打误撞的,值得引起注意的是,动机里暗含着"通过身体的同一化来进行控制"这一点。恰恰是这一点决定了母女关系是特殊的存在,这种关系绝不会在母亲与儿子、父亲与女儿、父亲与儿子之间见到。

母亲对女儿的控制有多种不同的形式,其中"压制""奉献""同化"这三种,可以说最具代表性。

"压制",如其字面意义所示,是最外显的一种控制。这里面包括最简单的语言上的禁止,但不尽如此。萩尾望都老师的作品《蜥蜴女孩》里,女儿一直被母亲唤作蜥蜴,于是她最后也把自己当作蜥蜴了。创造女儿身体的不是其他,正是母亲的语言。母亲的话对女儿产生了决定性的影响，但在母亲的意识里，她一定会想"都是为了你""我是为了你好"。

实际上，母亲抛向女儿的话语经常是她们无意识对自己说的话。也就是说，母亲说出口的话是为了解决自身的问题而做出的挣扎。此时母亲的具身性通过"母亲的话语"这一路径传递给了女儿，毫不夸张地说，所有女儿的身体里都植入了自己母亲的话语，且嵌入得很深。因此，无论女儿表面上如何强烈地否定母亲，她们都只能活成母亲话语里的模样。"弑母"难就难在"内化于体内的母亲的话语"难以抹去。

"奉献"是另一种控制方式。母亲的控制不全是高压式的禁止或者命令，有些则基于表面的善意，甚至到了献身的程度。有的母亲为了给女儿赚学费，不惜呕心沥血地工作，有的母亲在女儿独立后仍旧保持频繁联系，还想着出去做兼职。我们很难从正面否定这些善意。即便母亲意识到这是控制，从控制中逃走的女儿们也会有深深的负罪感。临床心理学家高石浩一说这种控制形式叫"受虐式控制"❶，本书后文也提及了这一点。

这种控制对儿子通常不起作用，因为儿子对母亲的奉献几

---

❶ 受虐式控制，英文为 Masochistic Control，见 p.71 注 ❶。

乎没有负罪感，这其中有"性别差异"的原因。或者，也因为女儿对母亲的负罪感是来自身体的同化这种特殊的感受，脱离了身体便无从谈起。

"同化"，简单来说，是母亲希望在女儿身上实现"重新活一次自己的人生"。这里面既有"压制"也有"奉献"，但母亲的利己主义在这种形式中表现得最为强烈。也因此，这种形式遭到了女儿最强烈的反抗，可另一方面，这种控制形式也最能首尾呼应地完成"一卵性母女"❶的诞生。如果同化进行到这一程度，很可能双方对控制—被控制都毫无知觉了。打个比方，就像细胞相互渗透进了彼此的身体里。

一定有人会想，如果不喜欢这种控制，逃走不就行了？的确，分开居住、保持距离是一种有效的方法。但，实际情况没有这么简单。对母亲的控制无论是反抗还是顺从，女性都难免有一种特殊的"空虚"的感觉。于是，无论女儿怎么反抗和逃离，得到的不只有解放的感觉，还有强烈的负罪感。很多没有得到母亲很好照顾的女儿，最后还是会回到母亲身边，大抵就是这个原因吧。可以说，通过同化实现的控制，都是"细胞渗

---

❶ 一卵性母女，日语原文为「一卵性母娘」，指母女互相交换衣服、一起逛街购物，女儿与妈妈同进同出，母女之间过度依赖。见 p.62 注 ❶。

透"在起作用。"弑母"与"杀死自己"紧密相连，也难怪难如登天了。

"难如登天"是事实，但光说不做就是推卸责任。我在前一本书里提出了解决办法，首先就是要"意识到问题的存在"。意识到了，至少就能"离开"（物理距离和心理距离的双重"离开"）。这时，父亲或者伴侣等"第三人的介入"开始产生作用。母女的二人关系常常处在一种封闭的状态里，很容易纠缠不清。其实我写前一本书时最希望父亲或者丈夫这样角色的人能读一读，就是想让这些和我一样的男性惊讶于"母女关系"的麻烦，而后再试着适时介入。

所有对谈结束后，我对整个问题有了独到的理解，也提出了解决策略，虽然还有不足之处，但我认为还算题中应有之义。通过与形形色色不同立场的人，包括受访者、作家、研究者等就这一问题展开对谈后，本书补足了前一本书缺少的共情，以及女性独有的视角。

在此意义上，本书对初次接触此类话题的读者，以及读过前一本书的读者来说，应该会是津津有味的。本书也引入了受访者和她们家人的很多细节，我十分希望这本书能引导"母亲的女儿"（被母亲控制的女儿）踏上新的旅程。

和母亲斗争这件事

田房永子 × 斋藤环

田房永子，1976 年出生于东京都，毕业于武藏野美术大学短期大学美术专业。2001 年作为漫画家出道后，获得了第三届 AX 漫画❶新人奖优秀作品奖。之后在面向男性的杂志上开启了插画与漫画生涯。现仍在漫画杂志和网络媒体连载作品，代表作有《老妈好烦》《妈妈也是人》。

---

❶ 《AX》是日本的另类漫画杂志，由日本青林工艺舍于 1998 年首次出版，其特色是"零稿酬"，即便如此也会收到海量投稿，影响力可见一斑。

❖ 不是生病也很痛苦

斋藤：田房老师出版过一本名叫《老妈很烦》❶（中经出版，2012年）的书，和母亲的关系一直困扰着您吗？

田房：我妈经常表现出一副"永子是我的"这种架势。上学、交朋友、老师、工作、人生……全都是这样。比如她不和我商量一下就决定了让我上兴趣班，转头又心血来潮不让我去了，说决定了让我好好中考，连志愿学校都定好了。不光是我升学的事情，日常生活也会趁我不注意随便插手，包括我房间里的地毯和家具如何摆放、旅行的目的地、发型等。比如我明明不想烫卷发，她却擅自预约好理发店，我不去她就对我一顿怒吼。

小时候遇到这样的情况，我也反抗过，说她"莫名其妙"，结果她训斥我，"你想想是谁帮你交的学费？""不喜欢就滚出这个家，去住温泉旅馆吧，自己去打工！"她一这么说我就没

---

❶ 《老妈很烦》是一本漫画随笔集，作者在其中描述了自己从幼儿期到与母亲断绝联系的时期里与母亲的斗争。在丰富有趣的故事里再现了与母亲的斗争与告别，以及痛苦之后的独立。（原文注）

法还嘴了，只好乖乖按她说的去做，可心里积攒了满满的怒气。还有，她几乎每天都会不打招呼闯入我的房间，冷不丁说一句"你这个家伙无论干什么都没前途！"张口就来，否定我的人格和未来。我也想无视她这些话，可她总在我耳边嗡嗡叫，所以我的积怨和反抗一直纠缠在一起。母亲缓过神又会突然说什么"妈妈可是很爱永子的哦，小永子也很珍惜爸爸妈妈吧？"接着又开始讲我出生时候的事情，自己把自己说得好感动，等她这一出弄完了，又对我说，"那，我们和好吧？"好像这样就大团圆了。这种事情隔三岔五就有，每次都持续一两个小时。对她呢，我一直都觉得"这个人很奇怪"，可能是压力吧，高二那年我得了十二指肠溃疡，一直在吃药，直到我二十二岁那年离开家。

不过我妈也会每隔一段时间就笑眯眯地和我说："咱们家啊，没有离婚，没有欠款，没有赌博，爸爸还有不错的工作，真的太幸福了！"以至于我也觉得"我家很幸运，必须感恩这一切"。所以我和母亲之间的烦恼，我从来没想过要和谁去倾诉。我当时得的十二指肠溃疡还挺严重，都没办法上体育课，但肠胃科医生对我说"这在高中生里很常见"，我就没多想。对母亲也是如此，我以为她只是个"重感情、性格刚烈的人"，从没觉得我家的问题严重到需要和谁去沟通，甚至觉得我家挺幸福。

但是离开家里进入社会后，我妈的强势有增无减，有时惹她生气了，她会直接打电话到我公司，或者冲到我住的地方。我的公寓在一楼，如果房门上锁的话，她会直接爬到阳台上使劲敲窗户。我二十多岁的时候一直生活得战战兢兢，因为不知道她什么时候会做出格的事情，总想着"我会不会又被妈妈整啊"。

二十九岁那年我举办了婚礼，那一刻终于觉得累了，总是在反省自己没能达到妈妈要求的我，累了。无论怎么回应她，她都不满足。反过来她对我的要求，比如我说"希望你这样做"，她一概不回应，意识到这一点后，加上我爸的一些过分言行，我下定决心要和他们诀别。再次搬家后我连地址都没告诉他们，就是想着我妈可能会翻阳台，我也不接他们的电话，就是这么绝。其实我特别想给他们打电话发泄一通怒气，但还是忍住了，忍得特别难受。分开的两年时间里，我被负罪感深深困扰，其间还去看了精神科诊所，接受了催眠疗法。

斋藤：那我可以理解为，你现在已经克服了这个问题吗？

田房：我也说不清楚。和我妈的问题像是搁置状态，也不算是

"生病"，和其他人说我因为妈妈的事情很头疼，别人肯定也会说"这种很常见啦"。她做的那些事情，其实也是母亲们都会做的事情。

比如，我要是和别人说"我妈拿着菜刀吓唬我"，那我妈肯定会被当作病人来对待，但我只是觉得她的存在让我备受煎熬，十分痛苦而已，我作为女儿的这种难受，其实很难有方法来解决。第一次去看精神科诊所的时候，医生说中了我好多至今遇到过的事情，我当时就感激大呼"简直比算命的还准！"所以我现在能毫无压力地去不同的精神科求助，也是怀着去算命的心情，想着"只要有烦心事就去吧"，但医生往往都告诉我"你这不是病"，我又悻悻而归。

我现在和母亲之间刻意隔开了一些距离，也就不会受到直接伤害了，但我妈好像在我身体里留下了咒语，在我对待丈夫和孩子的时候会显现出来。和她的关系没有和解，导致我在亲密关系里也时常不安，总会想这样做对先生好不好，这样做对孩子好不好，因为不安，我又对先生发脾气。而且，我和妈妈过去毕竟有过相互折磨，搞得我也担心自己会不会做出打孩子之类的举动。不过这些不安都被我做搁置处理了，精神科医生也总对我说"你这不是精神问题，和先生好好沟通就行了"，就让我回家了。

斋藤：是有这样的情况。现在轻症患者越来越多，医生们顾不过来，患者免不了吃闭门羹。双方其实都很为难。

田房：像我这样没有被医生充分接诊的人应该很多吧。

斋藤：现在特别多。大多数精神科医生没办法做咨询，也不可能给患者做团体治疗，本质上成了开处方药的地方。他们说"你这不是病"，其实是在说"你这还用不着吃药"。可以说这某种程度上也反映了精神科医疗资源的匮乏。极少数精神科医生不主张开药进行治疗，但大多数还是信奉药物疗法，也就不可避免会遇到你说的那种情况。确实让人头疼啊……

田房：我的读者群体中有不少人虽然有烦恼但没去做咨询，很常见的一个烦恼是，"收到了自己没有要求的，或者不想要的东西，好烦啊"。比如说我以前收到过妈妈送的衣服，但不符合自己的审美，又不得不把这些没法穿的衣服放在家里，确实很讨厌。而且，我还没办法和身边的人说，一说，她们肯定会反驳我，"多好的妈妈啊！""穿不就得了。""你得有感恩之心。"后来我一个人住的时候，经常收到母亲寄过来的三十个鸡蛋啊，一大箱土豆啊，根本吃不完，特别头疼，最后都吃出了压力。我的读者说，她们遇到这种情况时，往往不允许自己有讨厌的情绪。于是，一边压抑自己讨厌的感受，一边处理讨厌的事情。

我在网上分享了这些后，很多人给我留言说，"啊，我也遇到过这样的事情，就承认辛苦好啦!""我还是第一次说出这些经历，也从没去做过咨询。"其实那些去了精神科诊所的人，没生病也觉得很难受。所以治疗也好，咨询也好，终究还是有门槛的事情。

斋藤：咨询治疗的话，咨询师必须遵守的一个原则是要站在中立角度倾听来访者的话，有的咨询师都不会给出很积极的建议，所以我觉得或许更多普通人也能持中间立场就好了。精神科医生有一种强烈的自我认知，认为自己是开药的，所以他们对不需要开药的人会下意识表现出一副"这里不是和你讨论人生的地方"。

不过，我觉得这个领域会朝着探讨人生的方向发展。越来越多的人会面临不知道自己是生病还是没找到生存方式的困扰，如果治疗者没能好好处理这个问题，来访者很难走好后面的路。

田房：我的情况就是为了克服和母亲的关系问题，定期去做治疗。

斋藤：具体来说是什么样的治疗呢?

田房：我现在最倾心的是格式塔疗法 ❶，咨询室也是无意中遇到的一个，经常去。

斋藤：格式塔疗法本身是比较流行的治疗方法，也非常专业，只不过在我们的认知里，算是有点古老的治疗法。印象中以前流行过一段时间。话说回来，治疗方法因人而异，只要自己尝试后觉得有效，自然就是最好的方法。接受治疗后，您觉得自己发生了哪些变化呢？

田房：我和先生吵架的时候，会和母亲吵架时一样非常暴躁。倒不是想用暴力去控制先生，但我不光语言上攻击，也会动手，所以自己也判断不清楚这算是家暴还是什么。

接受了格式塔疗法后，我明白了根源在于我对母亲的怨恨发泄出来了。我的理解是，我内心想抹杀我讨厌母亲的部分，不是说想杀掉母亲的肉体，而是想杀死我讨厌的那些东西，于是我在先生身上表现出了攻击性。

格式塔疗法里，不会有人给出结论，而是让治疗者自己去

---

❶ 格式塔疗法是 20 世纪 50 年代菲尔茨·皮尔斯夫妇创造的疗法。强调"此时此刻的觉察"是其最大特点。"空椅子"是其中一个方法，让来访者想象眼前的空椅子上坐着一个人，可以是"有问题的那个人""另一个自己"或者"问题点"，面对椅子说出自己的感受，进而激发出当下的觉察。（原文注）

感受，然后思考，所以也不会有明确的答案。但通过格式塔疗法，我可以和已经断绝交往的母亲重新建立对话。

斋藤：嗯，是会这样呢。

田房：我会想象母亲坐在眼前的空椅子上，质问她，"为什么要那样对我？"然后导师说，"现在坐到母亲的椅子里，试着说一下母亲的心情。"我一边想着办不到一边坐了下去，一瞬间我像被母亲附身了一样，用她的语气很自然地说出了一些话。比如"小永子就是我的无价之宝"，说着还流出了眼泪，但中间又开始辩解，"我也很辛苦很拼命啊""我没觉得自己有那么过分"之类的，说着说着我又笑了起来。一瞬间，我觉得母亲的心理年龄比我小很多很多，感觉就像是读小学的女孩子，和她这样斗气，我实在愚蠢至极。那之后，我再也没有对先生发过飙了。

斋藤：你是慢慢意识到对先生发怒，其实是受你们母女关系的影响吗？

田房：是的。我们之间以前有一块岩浆似的东西，自己控制不住的时候，"啪"的一声突然破裂了，所有问题就像一条蛇似的滑溜溜地钻出来了。我没能力自己调整，反而有种被操纵的感觉。我就想啊，如果我不把这块"岩浆"消解掉，问题就得不到解决。其实治疗就是排解的过程，比如自己的执念、留在身体内的咒语，或者诅咒一样的东西。

斋藤：这个过程现在也在进行吗？

田房：是的。我后来反思为何会对先生大发雷霆，其实多多少少都有母亲的问题在里面。我一点点意识到所谓"身为女人"的意思，女人嘛，总被期待要做好家务，要把家里收拾得一尘不染。

斋藤：所以您母亲做家务很完美吧。

田房：母亲反而是被外婆嫌弃不会做家务的类型。我也不太会收拾，经常被母亲和外婆唠叨，"女孩子怎么能不会做家务呢！"像咒语一样印在我身上。可实际上她们从来没教过我具体的收拾方法，只是设定了一个前提，认为"女人就该如何如何"，意思是有了这个前提再出去工作。对我来说，有必要先"除咒"，就是除掉母亲在我身上种下的咒语和诅咒。

斋藤：这是个很重要的过程啊。田房老师可以具体说说是什么样的诅咒吗？

田房：我成长过程中总被母亲说"你太差劲了"，所以我总在反省是不是自己不够好。无论读书还是参加工作，每次遇到麻烦，我都会想"所有的根源都是我不好"。于是，"我很差"这个念头慢慢成了习惯性思维。如果不这么想，我就跨不过当时的坎，结果成年后这个思维定型了，难以消除。要是能除掉这些诅咒，应该就能自发产生自我肯定的感觉吧。我觉得新生儿时期，大家都能自我肯定吧。

斋藤： 不，通常自我肯定的感觉没有从母亲那里得到加强的话，很难成型，母亲的影响太大了。毕竟是在我们身边时间最长的大人，能被这个大人无条件地肯定，才是形成自我肯定感的基础。这一点如您所说，母亲的语言某种程度上形成了女儿的人格。

反过来，"除咒"也是转变固定观念的行为，不仅不容易，而是非常非常难。说起来容易做起来难，大概就是这种感觉吧。

田房： 我也是通过治疗在尝试。

斋藤： 新的亲密关系伴侣有没有给过您肯定评价呢？

田房： 特别多。遇到先生之前，我身边的大人都喜欢干涉别人，他们都不看小孩子的"当下"，只会说过去和未来，什么"你这样以后可不行啊！""你一事无成，怎么办啊！"我先生出现后，完全没有这种干涉的表达。我后来才明白，人和人的相遇的确能碰撞出新的想法，也会改变固定思维。

❖ 和父亲疏离的问题

田房：另一方面，我身边三四十岁的妈妈里，像我这样动不动就冲孩子发火又为此十分烦恼的人并不是少数。不少人都去参加家长培训班啊讲座之类的，学习什么"要这样对孩子说话"，我也买过相关的书，学了很多东西。

斋藤：我的来访者里，很多妈妈都一个人被这些烦恼困扰，感觉孤立无援。她们往往认为育儿的责任都在自己身上，内心不够放松，很容易对孩子发火，挺普遍的。田房老师还不到这种状态吧。

田房：目前算是吧。出书对我影响很大，通过网络等渠道，我很容易和读者聊这些话题。斋藤医生也在《母亲控制着女儿的人生》这本书里写过，"母亲总是认为自己无能又无力，甚至为此感到自责，可周围的人又认为母亲是万能的"，实际情况的确如此。对"母亲"的绑架，对"母性"的绑架，从古至今都没有改变。

斋藤：您提到了古代，其实历史并没有那么漫长。对贤妻良母的幻想是近代的产物，社会起到了推波助澜的作用。历史已经证明了，所谓母性本能原本不存在，但大家并不想承认这一点，也就没能普及开。说到底，大家只愿意相信脑海中想象的情况。

田房：这不就是男人们的思维吗。

斋藤：对对，是男性的幻想。男性一直把这种幻想强行加在女性身上，让承担得起这种幻想的女性更好结婚，于是整个社会只能朝这个方向发展。

田房：很多妈妈都觉得自己必须要做好什么什么事情，结果最后连自己为什么痛苦都意识不到。

斋藤：有问题的母女关系里，男性的偷懒往往是终极怪兽（"最后一个出场的敌人"的简称，游戏和动漫里作为最后的敌人登场的角色）。

田房：真的是这样。

斋藤：其实不是女性性别本身的问题，比如母亲被迫陷入孤立无援的境地，认为女儿是她活着的唯一动力，多半是由于丈夫在夫妻关系的维系中做了逃兵。

田房：的的确确如此！我家的情况就是这样。读高中那几年，我和我妈每天都这样搏斗。

斋藤：那真是辛苦了。

田房：妈妈时不时就找我的茬，说什么"你这家伙不行。真的不行。这样做不对"之类的，就把我给激怒了。

斋藤： 一直激到你发火吧。

田房： 我后来才明白，她其实不是真的认为我不行，而是想和我沟通交流，但干涉过度的结果就变成她也失控了。而这些是她原本想发泄在老公身上的，而不是我这个女儿。

斋藤： 您母亲体内的蛇也跑出来了呢。

田房： 但她没抓住蛇。激怒我的结果就是，我也不用语言反抗，顺手抓起什么东西，"啪"地扔过去。倒也不是打她，但母亲个子大，最后成了我俩扭打在一起。噗噗咚咚，噗噗咚咚……差不多每天都会这样闹一两个小时。爸爸在旁边看着，若无其事地走过去。

斋藤： 哎哎，不会这样吧。

田房： 会的，我爸会走回自己房间，读读书，或者做其他事情。这是我家很常见的场景，可如今回想起来才觉得奇怪，简直像电影里的一幕。

斋藤： 不过，这个场景是我们在电视上很熟悉的吧。我的来访者当中，不少家庭都出现过这种情况。说起来真是悲哀，我们日本家庭竟然把这种不正常当作一种常态，其实这是父亲疏离的结果。有人认为父亲也是受害者，但我必须要指出的是，夫妻双方应该有意识地看见对方，进而共建关系。如果跳过了这一步，父亲很可能会绕开麻烦，在工作中逃避这一切。有的男人明明在家里什么都不做，却一头扎进"你们可是靠我养活"的想法里。这种情况倒是在年轻一代中慢慢发生了变化。

田房：不，我觉得一点也没有变。

斋藤：是吗？

田房：现在的男人不还是埋头工作不休息嘛。

斋藤：啊，的确如此呢。

田房：现在经常听到"奶爸"这个词，但我推测，很可能只是停留在表面，而且也只有极少一部分人。

斋藤：确实只存在于少数精英，或者富裕阶层的年轻人里。

田房：只要太太没有出去赚钱，就很难实现这一点吧。所以，现在不还是经常听到这样的说法，"把老公当成小狗好好伺候的就是贤妻"。

斋藤：年轻一代的夫妻之间也这样吗？

田房：太太们给自己做的心理建设是，不追求对方十全十美，能做到及格就行。所以丈夫做了一点点家务，她们就会夸赞"谢谢你，做得真好"，这样去捧着对方，哄着他们。讲夫妻相处之道的书也出版了不少，可这样只能一点点惯出来"形同虚设的父亲"吧。

斋藤：对啊。

田房：我现在回顾自己的成长过程，本以为父亲的存在感微乎其微，可其实他对我的影响无处不在。

斋藤：为什么很久之后才意识到这一点呢？

田房：我对母亲完全尊重不起来，总觉得她是个动不动就发无名火的人，连带着对父母都没法产生尊重的感情。所以我也想象不出父亲如何看待我这个女儿，他可能也不知道自己做哪些事情是合适或者不合适的，或者说没办法在我面前理直气壮吧。

不过现在细想一下，我对父亲的尊重肯定是多过母亲的，性格上也和父亲更相似。这一点有遗传的部分，也有他做父亲十分尽责的原因，有时候不是男人不承担父亲的职责，而是女人们不让他们做。想想挺可惜的，这也是问题所在吧。今时今日还是没有改变。

斋藤：现在定期见父母吗？

田房：每年就让他们见一次孙子。

斋藤：父母也不来您家里吗？

田房：不来，都没告诉他们地址。

斋藤：不知道地址确实来不了呢（笑）。

田房：以前的阴影还在呢，肯定不会告诉他们。

斋藤：那他们不会因为这个发牢骚怪你吗？

田房：反正他们也有一堆乱七八糟的事情要做，而且我推测他们或多或少也明白其中的原因吧。

斋藤：他们可能会意识到呢。田房老师生孩子的时候，不是收到了父亲写来的长长的信吗？他如何看待您母亲的不同寻常之处？

田房：我觉得啊，父亲大概率都明白。只是他一旦站在我的立场上，他和母亲的生活就会出现裂痕，是不是他觉得没必要承担这样的风险呢？可站在我的角度上，父亲没有站在我这一边是我下决心和父母分别的关键。其实有时候我能避开母亲的不正常，正是因为有父亲在，但父亲也是我做决定的最后一根稻草，父亲的影响真的是很大啊。

斋藤：我也感觉到了。您在《老妈很烦》这本书里有很多这种细腻的描写，十分精彩。父亲的存在也描绘得十分真实。

❖ 是咒语，还是生存方式

斋藤：顺便问一下，田房老师的母亲会不会强迫您成为她理想的模样，比如要求你这样做或那样做？

田房：特别多啊。

斋藤：都是什么样的事情呢？比如找工作，希望你成为什么样的妈妈，还是要求你这样或那样生活？

田房：她经常和我说的一句话是，"找一份能养活自己的工作"。

斋藤：这是非常正向的意见呀！是在推你往独立的方向发展。

田房：但她也会说快点生孩子之类的。

斋藤：比起让你一直在家里待着，让你早点出去反而更好吧。

田房：不，要是我说我想离开家，她会暴跳如雷。

斋藤：她和自己的对抗也这么激烈啊。

田房：所以她自己说的话经常前后矛盾。

斋藤：就是明明想说些好听的话，结果一不小心把大实话说了出来。

田房：反正有好多种情况，有您说的这一点，也有关系中的岩浆流出来的时候。不过不管怎么说，我最后还是活成了母亲说的样子。

斋藤：很讨厌这样吗？

田房：以前非常讨厌，现在只觉得"没办法"。

斋藤：具体来说呢？

田房：母亲会跟我说"不要相信老公"。从我读小学的时候开始，她就和我说什么结婚不一定是需要烦恼的事情，和谁都可以生孩了，和谁都可以结婚，别在这些事情上浪费时间。

斋藤：和现在的感觉相差很大吧。

田房：但她也会和我说，要婚前同居，要多谈恋爱。只是，结了婚绝对不可以把自己的钱借给老公。

斋藤：就是不要让你们的钱放在一起吧。

田房：母亲还教育我，无论自己手上有多少钱都不要告诉老公，一定要有养活自己的工作，这样才能自由花钱，不被老公束缚住。同时她又会催我生孩子，所以我从小学就开始梦想成为漫画家了，这样生了孩子后既能在家育儿又不耽误工作。感觉成为漫画家的想法是我综合考虑了母亲的各种说教后，再结合自己想做的事情而冒出来的。

斋藤：这一点确实是忠实遵循了母亲的意愿呢。

田房：可说是在家工作，一边当漫画家一边照顾孩子实在心有余而力不足。

而且啊，我一次都没有因为失恋而哭过，反而理解不了那些忘不掉前男友的人。这一点应该也是母亲的洗脑。

斋藤：因为她说不要相信男人，其实就是在提醒你及时刹车。

田房：是的。她教育我"和谁结婚都一样""不要在这些事情上浪费时间"，也是非常清醒的。所以我只对喜欢的人表现出兴趣，也只在关键点表现出对恋爱的兴趣，与其说是我不想担责任，不如说是不想浪费时间。这一点完全受母亲的影响。

斋藤：这样来看，哪些是母亲的咒语，哪些是自己的生存方式，已经分不清楚了呢。

田房：真的分不清楚了（笑）。

斋藤：从"除咒"这一点来说，影响也要一并除掉。还是说，你觉得把好的影响留下更好呢？田房老师的感知里，母亲带来的影响哪些是咒语，哪些不是，如何区分呢？是按照现在让你头疼和不头疼的事情来区分吗？

田房：是这样。

斋藤：按照这个思路，您结婚很顺利，职业上也非常有成就，如果我说这是托您母亲的福可能有点讨嫌，但确实可以理解为是好的副作用，是好的影响，也就不算是咒语了吧。

田房：对。大家苦恼的也正是这一点，就是母亲的说教里也有好的一面。比如，她擅自决定"你就去这所学校"，逼我去考试，真的很讨厌，可正是因为去了这所学校，我才交到了很好的朋友，在一起非常开心，结果到最后不得不感激母亲。真是有苦说不出啊。

斋藤: 这个确实如此。要是能只抹杀掉母亲带来的让人讨厌的部分就好了,母亲对于生存方式的影响全都重新调整的话,既不能全盘否定,也不能全盘肯定,中间的区分太难了。

田房: 就是这样。只能分开来对待,把讨厌的部分当作咒语除掉,否则很难活在当下。到头来还是回到了那句话,是母亲生我养我,一切都要还给母亲。我身边就有人每天和母亲打电话。

斋藤: 是母亲打过来的吧。

田房: 好像不把当天遇到的事情和母亲说一遍,心里就不安。

斋藤: 是分开住的吗?

田房: 是啊。她们明明有男朋友,还是要和母亲聊天。这种人挺多的,母亲们也乐在其中。与其说是给母亲汇报每天的情况,更像是回报母亲。正是因为你把我生下来,我才能有今天,有这样的心理在里面。

斋藤: 其实母亲们也靠这些重新活过一次吧。

田房: 我觉得女儿长大了,最好不要和母亲说那么多生活琐事,毕竟这也是克服母女关系障碍的第一步吧。

斋藤: 但,突然不这么做,母亲可能会不知所措吧。

田房: 大家会觉得母亲很可怜吧。

斋藤: 彼此都觉得对方可怜,不知不觉变成了相互依存的关系,这也是问题所在。我觉得不要认为母亲很可怜，可能是第一步。

田房：的确是这样。只不过，大家似乎都很难做到这一点。

斋藤：可不是嘛，负罪感在拖后腿。

田房：而且，还可能被母亲攻击呢。我妈就属于攻击型的，但也有母亲是忍气吞声型的。

斋藤：那说不定会更麻烦。这里恰好就是儿子和女儿的不同，简直是天壤之别，儿子基本没有要报恩的心理，离开的时候也很爽快。

田房：太羡慕了。

斋藤：所以他们很轻松地就逃离了负罪感。

田房：即便母亲对他们哭哭啼啼也没用？

斋藤：可能只有一瞬间觉得糟糕了，之后就会想"太麻烦了，算了吧"。

田房：我正在创作一本漫画，采访了一些觉得老妈很烦的人，其中有极少数是男性。他们告诉我，"我老妈很奇怪，真的奇怪"，和我吐槽"我母亲和田房老师的母亲太像了，做这种奇怪的事情啊，做那种让人讨厌的事情"，可最后，他们往往在结尾处说，"但，母亲对我的关爱是独一无二的。"我的感觉是，这算什么？看来男性被束缚的方式果然不一样啊。

斋藤：不一样的。他们会把对母亲的感恩化为物品，就像把抚养费等量换算似的，反正都是些好计算的大物件，女儿就不同了，她们的感恩会化在身体里。

田房：难怪我每次和这样的男性聊天就会火大。女人之间聊这个话题会越聊越起劲，相互吐槽，"真的真的，我妈也喜欢说'都是为你好'，结果还不是为了自己"，"果然有相同经历才能聊得这么畅快啊，太开心了"，基本都会这样收尾。但和男人聊到最后都是我很尴尬地暴露在空气中，他们似乎在说"田房老师好像很怨恨母亲啊，我还是很喜欢母亲的"，一副强行要引出"我和你不一样"的意思。我心里就会反驳，"才不是呢，我也很喜欢我妈的好不好。就是因为怨恨绵绵，我才这么痛苦，这是我们聊天的前提啊！"

斋藤：这种感觉，可能不会引起对方的共鸣呢。

❖ 得到解脱的关键

斋藤：话说回来，田房老师能慢慢克服过去的阴影，对那些还深陷苦恼的人来说算是成功案例，或者是远方的希望吧。您觉得摆脱母亲的绑架，最关键的一点是什么？可能也没有完全摆脱，至少算是逃离了，从这个角度有没有什么可分享的呢？

田房：可能就是意识到我没法成为母亲希望的样子，就算做不到母亲要求的言行举止也没问题，不想做的事情不做也可以吧。

斋藤：如果没发现母亲的不正常之处，很难从"控制"中逃离吧。所以说察觉很重要，不过您当时都没有什么可以参考的模板，能客观看待自己也起了很大作用吧。

田房：是的，是这样。

斋藤：您出了那本讲母女关系的书之后，一定会有人说"这种事情不是很常见吗""这也当成问题，不至于吧"。矛盾的是，没察觉到这一点且感到痛苦的还是大有人在，如果不发出一些挑衅的声音，不用"父母皆祸害""弑母"这种有点极端的词语去传播的话，不明白的人终究还是不明白，至少现在是这个样子的。

田房：我也这么认为。可能这个还是有启发吧，我最近在电视上看到不少讲母女关系的节目。只不过一旦进入屏幕，味道多多少少发生了变化。

斋藤：这一点可以具体说说吗？您觉得是哪里的味道发生了变化？

田房：2012 年开始吧，这方面的电视采访突然增多，我也出演过不少节目，顺带宣传了《老妈很烦》这本书。这里面绝大多数的节目都倾向于问母亲，"您觉得自己成了毒亲 ❶ 吗？"有点警告的意思。

我的理解是，"毒亲"这个词，只有当女儿意识到"我很难受"的时候才会说出来。如果女儿分不清楚是自己不敢说出讨厌，还是自己本来就很讨厌某件事情，那这比母亲的不正常更不正常，为了及早意识到这一点，不妨使用方便的表达暂且把母亲当做恶人。

斋藤：正是如此。只是为了引起自我意识的表达，最后却被故意具体化了。

田房：而且在我看来，那些每天和母亲打电话的人，打电话这件事也会对她们的人生产生重大影响，但"你妈妈是毒亲"这句话，也不能随便对她们说。还没有出现自我意识的人，先随便她们好了。等她们自发地有了痛苦的感觉，再用这个方便的表达就好。结果一到电视节目里，大家会直接问妈妈们，"你是毒亲吧？""你成了毒亲？"我觉得这样做毫无意义。

斋藤：这个批评很重要，如果不全面系统地解释，一定会有部

---

❶ 毒亲（toxic parents）是美国著名心理治疗学家 Susan Forward 于 1989 年提出的概念，主要是指父母利用自己的身份，以爱之名，控制或迫使子女跟着自己的想法走，来达到自我满足。

分人说，"既然如此，那我也叫我妈毒亲吧！"听了您刚才这番说明，有种心领神会的感觉。

田房：电视嘛，不制造点让人恐慌的氛围，大家就不看了，比如说"这个气喘很危险啊""这是癌症的前兆啊"之类，其他节目也有类似的说法。

斋藤：就是让观众更好理解，或者更具体一点。但如何细腻地使用这个表达，电视节目可能就不会涉及了。

母女问题是关系上的"病"，谁都很难完全站在客观角度去看待，强行去正视的话，很可能只看到女儿很任性这一点，所以看漫画和文章可能更合适，那里面描绘得更真实。所谓内心的现实，就是心里的真实情况，可能用文字更好理解吧。

不过田房老师一边处理自己的纠结，一边离开了母亲，这其中有什么契机吗？

田房：还是父亲吧，他刚开始两边都不得罪，后来还是站在了母亲那一边，而不是我。要想从控制中逃离出来，不经历相当程度的绝望就不会涌起想要"反转"的决心。不是有个词叫"绝地重生"❶吗，就是说没有达到"不行了""感觉绷不住了"

---

❶ 绝地重生，日语原文为「底付き」，表达酒精依赖症、药物依赖症等依赖症状的词语，一般指"去到尽头，依靠自己的力量束手无策的状态"，或者经历这个过程后"自己想恢复过来的状态"。（原文注）

的那种绝境，真的很难和父母分离。

我也遇到过相爱相杀的母女，妈妈控制女儿，女儿被妈妈控制。真的很想当面说她们，"你啊，对女儿做得有些过分呢，你女儿说不定很痛苦呢""我觉得你没必要每天和妈妈打电话啊"。但本人没觉得这些是问题的话，我的关心只会是多管闲事。还有人吐槽妈妈很烦，或者很想离开家但走不了，尽管我心里会想"那你马上走不就行了"，但我也知道这些人不到"绝地重生"的那天，很难拿出实际行动。

斋藤： 不过，就算还没到达绝境，只要试着离开就能意识到有不对劲的地方吧。所以说保持距离相当重要。田房老师的经历就是书里的情况吧，主角遇到前男友太郎君后，才第一次离开了原生家庭。

田房： 是的。

斋藤： 也就是说伴侣成了离开的契机。很多书里都提到，母女关系出现问题时，第三个人的介入至关重要，我觉得这比想象中更重要。也有人离开家之后才意识到情况不对劲。

田房： 最近我被咨询师反问了一个事情，"对那些无法离开母亲的人，你觉得怎么引导他们离开比较好呢？"其实我也在想，这种情况是不是旁人才觉得有必要离开。

斋藤：作为建议劝别人试着离开倒是常见，但强行拉开就很糟糕了。不过这也是劝告者本身的责任。虽说给了温馨提示，但最终还是要尊重本人意愿，否则没有意义。所以说啊，是在绝境处吃点苦头好，还是试着离开家好，真是两回事。

田房：我的案例里，绝地重生的契机在于父亲的言行站在了母亲那一边，但如果我试着和父亲沟通，或许也会有更好的结果。

斋藤：就是这样。

田房：我最近时常挂在心里的事情是，给自己买自己想要的东西。因为母亲从来没有给我买过我想要的东西，我无意识中就会觉得是因为我想要的东西不适合我，才没有买。

斋藤：这正是咒语的影响啊。

田房：我觉得从理论的角度来解读也很好。

斋藤：就是广义上的认知行为疗法，这样理解很好。

田房：比如去自己想去的地方。

斋藤：被母亲控制的女儿会变得战战兢兢，不敢为自己做些什么，也不敢实现自己的愿望。所以，首先要挖掘出自己的欲望。买想要的东西，去想去的地方。其实这些在广义上都有治疗的效果，因为独立是第一步。

田房：说一个我的例子。在红色和蓝色当中，母亲一直说蓝色更好，我也会买蓝色的东西，其实是她说过讨厌红色。

斋藤： 讨厌红色啊。

田房： 嗯，她说红色看着土气，但我自己非常喜欢红色。说起来这几年我买的东西全都是红色的，身边的红色多到被人反问"你到底有多喜欢红色啊？"不过这也算是我除咒的一种反抗吧，刚开始一发不可收拾，之后想收敛一下，但渐渐的，即便没打算买红色，最后也会很自然地选择红色。等我反应过来时，已经能接受都买红色了。

斋藤： 我觉得这里很重要的一点是，本来想违背母亲的意愿，结果还是被反控制了，果然做自己想做的才是基础啊。偶尔做出了和母亲意愿相反的事情也没关系，但时刻提醒自己全部都反着来，说明母亲的影响还深深存在着。

田房： 真的是这样。所以我已经放弃了一个曾经的执念，就是绝对不要成为母亲那样的母亲。

斋藤： 这里正是关键。

❖ 女性要更接纳自己的内心和身体

斋藤： 田房老师有一个小公主吧？今年多大啦？

田房：马上两岁了。

斋藤：您在育儿方面亲力亲为，有什么感悟吗？

田房：我正在画一本育儿漫画，题目是《妈妈也是人啊》（河出书房新社，新书❶）。

斋藤：听着很不错。

田房：完完全全是一本描写如何摆脱母性绑架的漫画。所以我把和先生做爱的事情啊，如何给女宝宝清洗阴部的细节都画进去了。从来没人教过我们如何给女宝宝清洗阴部，但杂志也好，社区医院也好，都会告诉我们男宝宝的小鸡鸡要清洁到最里面。

斋藤：为什么杂志不写女孩子的部分呢？

田房：是啊。杂志会给男孩子做专题，还吐槽说"妈妈不知道小鸡鸡是怎么回事"，我当时就心想，颠倒了吧。本来见过自己和同性的性器官的妈妈就绝对少之又少，她们想着"和老公的用一样的清洗方法就行了"，哗啦啦冲一冲了事。但我们既没有学过自己的清洁方法，也不知道婴儿和大人的方法完全不一样。这些信息都没有交流起来。

---

❶ 本书写作于 2014 年前，此处提及的《妈妈也是人啊》已于 2014 年 3 月在日本发行。

斋藤：这个挺让我吃惊的。清洁方法是最最基本的知识，竟然都没有交流。

田房：结果到最后我们还要听男性妇产科医生开的讲座，反过来被男人教。

斋藤：不是吧。我还挺怀疑妇产科医生有没有接受正确的性教育呢。

田房：我就在想，女性都能天然接受自己的"母性"，正是因为她们没有好好正视自己。她们总是在学习如何留意到男性的心理和自尊心，却忽略了自己的身体构造，自己的情绪，以及自己的欲望。我觉得正因为没有好好接纳自己的欲望，她们才借用孩子的人生来获得满足。归根到底，这个问题与其说是毒亲，不如说全都是相互联系的。女性总在单方面照顾男性，这也与男性不负责任、父亲的角色只是形同虚设全都有关联。

不过，把这些事情随心所欲地画出来后，我还是感觉到内心某个地方在担心，这本漫画对女儿产生了不好的影响怎么办呢？如果女儿为此感到烦恼又怎么办？比如女儿到了敏感的年龄，读了父亲和母亲之间那些成年人的事情，她会怎么想呢？这些会让我不安。虽说这本书想突出的是妈妈也是人、不是孩子的牺牲品这个主题，但如果对女儿有负面影响的话，我还是会纠结要不要出版。你看，到最后我还是会被母性神话这种东西束缚住，一直在烦恼，当妈的是不是沉默不语更好呢？

斋藤： 表面看起来您从过去得到了解放，可还是没能逃脱母亲身份带来的沉重责任啊。这个根基太深了。

田房： 这也是因为先生没有介入进来。细想来，先生也是女儿的家长啊，如果女儿对我绝望，还可以对我先生抱有希望啊。可在我的观念里，如果女儿对我感到绝望，那女儿的人生就毁了。

斋藤： 看来您的认知还是倾向于母女二人的关系。有没有想办法让先生介入进来呢？

田房： 我刚好之前和先生进行夫妻对谈时，提到了这一点，说万一变成这种情况就交给你了。

斋藤： 一点点朝那个方向去沟通很不错呢。

田房： 为了不让他成为形同虚设的父亲。

斋藤： 现在开始好好打预防针，应该就不会了吧，所以必须要相互分担责任。我们的社会图景里，总是一边倒地更容易让妈妈感受到压力，而爸爸就比较迟钝，这里面有普遍认知的问题，也有教育的问题。爸爸们总是用"我好好赚钱就行了"这样的借口给自己开脱，可一等到孩子进入青春期，他们无所谓爸爸赚钱不赚钱，更在乎的是你对我有没有关心。如果没做到这一点，爸爸最终只会被女儿嫌弃，甚至被赶出孩子的世界。这种情况太常见了。

田房： 斋藤医生诊疗的蛰居族❶孩子里，父亲都对孩子不关心吗？

斋藤： 偶尔会遇到非常有母性的父亲，这种情况下，孩子都特别黏父亲，但是和恋父又有点不同。

田房： 是男孩子吗？

斋藤： 不，是女孩子哦。

田房： 是女孩子啊。

斋藤： 基本没有男孩子。我只见过一个特别黏父亲的男孩子，其他都是和父亲对着干的。经常遇到的女孩子的情况是一见到父亲就烦，最后把父亲赶出了自己的世界，还把母亲当佣人使唤。比如一步都不从房间里走出来，让妈妈把饭端过去，反过来控制了母亲。

田房： 意思是女儿变成了父亲的立场。

---

❶ 日语原文是「ひきこもり」，按字面解释为"退隐、抽离"和"隐蔽、社会退缩"，指人不出社会、不上学、不上班，自我封闭地生活。日本内阁府对蛰居族的定义是几乎不走出自己家和自己房间以及除满足爱好等以外不外出的状态持续 6 个月以上。等同于我们说的"家里蹲"。

斋藤：倒不如说就是站在孩子的角度控制母亲。

田房：婴儿的状态。

斋藤：是的。她们像个小婴儿，在说多照顾照顾我吧。

田房：我其实在考虑二胎的事情，但完全无法想象生了个男孩子要怎么办。

斋藤：没想过要个男孩子吗？

田房：我会觉得不可思议。直到生孩子那一刻，我都觉得女儿好可怕。我还纳闷，妈妈和女儿都是女的，有什么可怕的呢，现在才明白，我害怕的是万一生的不是女儿可怎么办。

斋藤：听起来像是你不想要男孩子呢。

田房：我无法想象自己生个男孩子。

斋藤：因为无法想象，于是感到了不安。

田房：可能就是这么一回事吧。所以我当时想的全是女孩子的名字。

斋藤：之前报纸上不是有过"儿子是情人""和儿子失恋了" ❶

---

❶ "和儿子失恋"是 2013 年 5 月 23 日在《朝日新闻》的早刊·生活版介绍的一个专题，名为"和儿子'失恋'后母亲的伤心"，描述了一直做母亲"小情人"的儿子到了青春期后突然态度转冷，母亲就像"失恋"一样十分心痛的状况。这个报导收到了接连不断的反馈，同年 6 月 12 日，《朝日新闻》早刊·生活版刊登了读者们的反馈。（原文注）

这样的话题吗，这种想法你也理解不了吧？

田房：我觉得特别恐怖。那样真的好吗？

斋藤：不好，还挺恶心的。我作为旁观者都觉得恶心。

田房：可好多人都这样呢。

斋藤：我觉得这里面有点可怜的是，这种爱不会得到回报，无论这种爱恋如何激情燃烧，儿子都会毫无感觉地渐行渐远，母亲最终只会落得一场空，以失恋告终，只是一种无限接近恋爱的感情罢了。

田房：孩子们在一起玩的时候，我发现男孩子的妈妈会有些不一样，就是她们看自己孩子的那个眼神啊，流露出"我好喜欢你"的神色。我每次见到就会惊叹"不会吧"。我觉得比较恐怖的一点是，她们可能不太愿意让孩子长大。

斋藤：现实中有太多不会放手的母亲了，的确是个很大的问题。和欧美国家不同，日本其实有很多关于母子之间乱伦的传说（起源于川名纪美的《密室的母亲与儿子》，潮出版社，1980 年），先不说有几分虚几分实，母亲与儿子之间容易发生"单纯的亲密关系"倒是事实。

田房：好像是这样的。

斋藤：美国那种父亲和女儿之间的模式，我们这里也基本没有。

田房：话说回来，日本这种母亲与儿子之间有点不对劲的关系，似乎也就听之任之了。

斋藤：所以说母亲和儿子的关系确实也有问题，但要说有多复杂，其实整个构造并不复杂，和母女关系比起来，母子关系里没有那么多谜一般的因素。

田房：似乎是这样呢。

斋藤：母女关系至今没能成为大众话题，也有谜团太多这个原因。母亲和女儿的特殊性其实可以当作参照。

田房：完全不一样呢。

斋藤：完全不是一回事。控制方式也不同。话说，田房老师离开家之后，有没有产生"妈妈好可怜"这样的感觉。

田房：非常非常有。

斋藤：你看，即便妈妈这样对你，你还是会有这样的感觉。

田房：感觉她在那个家里原地踏步了很多年，会觉得她可怜，我心里很抱歉，但又抛弃了她，也觉得自己很残忍。

斋藤：是吧，原来是这样的感觉啊。

田房：不过真离开之后，才知道没什么大不了的。妈妈也很平静地接受了。

斋藤：所以说还是离开一次比较好。

田房：打工也有类似的感觉，总会想辞职后找不到下一份工作怎么办，结果不敢辞职。可真的辞掉后才后知后觉，为什么不早点辞掉那种工作啊。

斋藤：身处漩涡之中，客观看待事情就变得非常困难了。

田房：是的。有些人说觉得母亲很可怜没办法离开，我非常能理解他们的心情。

斋藤：即便离开了，也会被远程控制吧。有的人早早离开了家，还是会给母亲汇报每天发生的事情。

田房：还有人离开之后，选一副手套都会暴露出母亲的影子。自己以为离开得很彻底，可还是会想"如果是妈妈选，会选这个吧"，于是最后真的买了这个。母亲的影响在绵延不断地持续。

斋藤：就算去世了，那些咒语的影响也还在吧。

田房：是啊。

斋藤：这些影响有很多方面，控制的方式、亲密的方式、远程控制的方式，哪怕只有语言，也能在母亲离开世界后以咒语的形式，像"自动追踪器"一样跟着自己。

田房：真的有很多呢。

斋藤：但是，田房老师已经给我们展示了一个非常好的案例啊。

❖ 对谈结束

田房老师的著作《老妈很烦》里，和可爱画风形成反差的是，她如实描绘了母女之间可以称之为惨烈的矛盾，真是一本了不起的作品。母亲和女儿双方不自觉地陷入控制—被控制的泥潭里难以自拔的景象，被田房老师细腻地还原出来。即便站在男性视角上看，这本书对全面理解母女问题也起到了很大的参考作用。

田房老师很厉害的一点是，她自己下功夫探索了各种各样的解决办法，我们在对谈中也触及了。母女关系的问题往往不会被精神科医生认真对待，我们去哪里沟通好呢？又要如何客观看待自己所处的情况，如何从察觉中找出解决方案呢（正是田房老师说的"除咒"）？关于这些问题，田房老师和我们分享了相当具体的方法论。

当然，我们还没到最终解决的阶段，但对那些正身处泥潭、迷失方向的"母亲的女儿"来说，这场对谈带来了希望，也提供了具体的指南，应该还是很有意义的。

妈妈是一个看不懂的生物

角田光代 × 斋藤环

角田光代，1976 年生于神奈川县，毕业于早稻田大学第一文学部。著作包括《空中庭园》(获第三届妇人公论文艺奖)、《对岸的她》(获第一百三十二届直木奖)、《第八日的蝉》(获第二届中央公论文艺奖)、《树屋》(获第二十二届伊藤整文学奖)、《纸之月》(获第二十五届柴田炼三郎奖)、《彼岸之子》(获第四十届泉镜花文学奖)、《在我心里的她》等多部作品。

❖ 母女和母子的不同

斋藤：今天和角田老师对谈让我多少有点紧张。

我在 2008 年出版了《母亲控制着女儿的人生》这本书，是从男性视角看母女关系之难，有点像描写"异文化"。那是一个我作为男性完全无法共情的世界，一边费解为何会有这样的事情，一边抱着学习的心态读了很多文献和论文，最终以书的方式呈现出来。虽然书里没有丝毫共情的内容，但我对这一问题产生的机制做了一定程度的梳理。

至今，这本书还没有收到过于严苛的批评，奈何终究是男性角度，女性从自己的独特视角来看，或多或少会有不服气，或者觉得有失偏颇的地方吧。所以我想通过与女性的对谈做这方面的补充。角田光代老师恰好围绕母亲和女儿的关系这个主题写了很多非常出色的小说，比如《恋母》❶（集英社，2007

---

❶《恋母》是一部小说集，包含了八篇巧妙描写母亲与孩子心理的小说。《欧芹与温泉》以母亲生病为契机，生动写出了女儿察觉到母亲的思考路径及其影响带来的心理活动。《两个人住》用对比的手法描写了一对姐妹，姐姐和母亲十分亲密，甚至会露出内衣给妈妈看，而妹妹则对妈妈十分抗拒。（原文注）

年),《第八日的蝉》❶(中央公论新社,2007年)等,我很想与您就此展开对话。

我在《母亲控制着女儿的人生》里引用了《恋母》这本短篇小说集,主要引用的是《欧芹与温泉》《两个人住》这两篇。选取这两部作品是希望借用虚构的力量,尝试着能不能更接近母女关系。此外,拜读了角田老师的其他作品后,我发现您在《摇滚妈妈》❷(讲谈社,2007年)、《空中庭园》❸(文艺春秋,2002年)里面,从不同家庭成员的视角去描绘一个家庭的生活,可以说是一种非常有趣的尝试,既冒险又颇具实验性。

我想先从《恋母》这本书聊起。整本书是围绕着绑架母亲来写的吗?

角田:是的。是一本以母亲为主题的短篇集。

斋藤:可能想请教一下角田老师的写作思路,您是在写了很多

---

❶ 《第八日的蝉》是一部长篇悬疑小说,描写了女主人公诱拐了出轨对象的小孩后,一边逃亡一边抚育孩子四年的故事。这部作品对家庭的意义,对何为母性都提出了深沉的叩问。(原文注)

❷ 《摇滚妈妈》是一部短篇小说集,集合了作者1992—2006年十五年间的七篇代表作。(原文注)

❸ 《空中庭园》是一部连载小说,描写了居住在郊外社区一家人的生活,家庭成员说好"彼此不隐瞒任何事",但真相不断暴露。故事从外婆、爸爸、妈妈、女儿、儿子、爸爸的出轨对象六个人的视角来叙述。(原文注)

作品后，把那些以母亲为中心的内容编辑在一起，还是专门设定了母亲这个主题，再创作的短篇呢？

角田： 是后者。我在一本杂志上每隔三个月或半年写一篇以母亲为主题的文章，连续写了三年，所以一开始就在写母亲。

斋藤： 为什么会想到着手写以母亲为主轴的作品呢？

角田： 这个可以追溯到我写《恋母》之前的时候吧。1999年飞鸟新社出版过一本叫《妈妈之魂》的随笔集，汇集了美国的作家等名人和自己母亲之间的故事。大概有十到十五位作者吧，我知道的有作家约翰·厄普代克❶，还有《时代周刊》的记者等。

不过，这本书的写作者基本都是男性。而且他们的年纪也不小了，母亲们自然已经不在世了，所以写的是自己和过世的母亲之间的关系。书写得很好，只是我读的过程中有强烈的违和感。书里的爱与恨写得泾渭分明，而且写"儿子和母亲"时对比了与女性同性关系的不同，这让我感到非常奇妙，心想"啊，这可能是个有趣的主题，如果用母亲这个主题写小说，是不是可以把我感受到的违和感写清楚呢？"于是开始写这类

---

❶ 约翰·厄普代克（John Updike，1932—2009）美国作家、诗人。其著作《兔子富了》和《兔子安息》分别在1982年和1991年荣获普利策奖。

短篇。

斋藤：我觉得母亲与儿子的关系相对单纯，但母亲和女儿的关系就很容易错综复杂。角田老师提到的违和，是不是指这种简单呢？还是说有其他不同的感受？

角田：有简单的一面，也有另一面，可以说是温柔吧。

写《恋母》这本书时，《空中庭园》被拍成了电影。导演是男性，但他说"完全搞不懂《空中庭园》里写的母子关系"，现场好多位女性工作人员却说"非常明白"。随着拍摄的推进，导演才感慨"第一次意识到这个主题这么有深度"。这件事让我印象很深。

和导演交流的时候我突然意识到，"男人啊，整体上比女人要温柔"。母子关系里也有着男人独有的某种温柔。而且我在想，这种温柔很可能是女人没有的东西吧，或许这就是我觉得有违和感的东西。

斋藤：我不太明白这里说的"温柔"，因为温柔有很多种，是说像水流动的那种温柔吗？

角田：不是那种，不是随着水流动，而是类似于原谅、接受这样的温柔。

斋藤：原谅，接受。不觉得这是美化过的伪善吗？

角田：不会。这和女性之间的感觉不一样，比如成长过程中交往过的男孩子，我对他们母亲的感觉，还有观察到的他们母子之间的关系，有点像《妈妈之魂》的读后感。

斋藤：男性是有这样的温柔一面呢。站在妈妈的角度上，对儿子和女儿的原谅方式也不一样，这里面会不会有男性的温柔在起作用呢？

角田：我觉得有。

斋藤：虽说不一定绝对如此，但妈妈对女儿否定式的相处，正像《空中庭园》里描写的那样，母亲对姐姐和弟弟的方式截然不同。说到底，母亲对女儿总是容易有一种特别的感情。

角田：我也有这样的感觉。有一位名叫山本文子的美食博主在 *orange page*（orange page 有限公司）这本杂志上一直连载随笔，其中就写到了一件很有趣的逸闻。

山本女士有次提到自己去学校参加小学五年级还是六年级的女儿的家长会，老师对家长们说，"请大家轮流说出自己喜欢孩子的地方。"然后，所有男孩子的母亲都说的是肯定回答，比如"我喜欢孩子的全部""我没有讨厌孩子的地方""我喜欢他特别温柔的一面"（笑）。可另一方面，女孩子的母亲会说一些女儿的缺点后再补充"但我还是很喜欢她"。山本女士自己说的是"喜欢女儿的笑脸"。我自己没有孩子，但多多少少能明白这种区别。回想自己读小学五年级的时候，如果母亲说"我喜欢我女儿的一切"，我肯定会吓一跳。

斋藤：吓一跳的感觉，能再具体说明一下吗？

角田：我爸妈原本就是昭和 ❶ 前十年出生的人，不会说"我爱你"这种话，也很严厉，不怎么表扬孩子。所以我想象不出我妈说那种话。

斋藤：因为这样的关系，被全盘肯定了反而苦恼吗？

角田：对。

斋藤：这个话题倒是很有趣啊，如实引出了母女关系和母子关系究竟有何不同的探讨。角田老师对此有共鸣，是通过想象得到的共鸣吗？

角田：是的，是这样。

斋藤：是不是想象了如果自己有女儿和儿子，大概也会有一样的感觉？

角田：是啊，有这样的预感（笑）。虽然只是想象。

斋藤：我个人觉得儿子对母亲来说是不同性质的生物，是他

---

❶ 昭和元年是 1926 年。

者，因为保持着距离，才会一上来就全盘肯定，但母亲真的会喜欢儿子的一切吗？

角田： 应该会吧。

斋藤： 这样啊（笑）。不过，人际关系里说喜欢对方的全部不会很奇怪吗？角田老师怎么认为呢？

角田： 让人产生被对方全部喜欢的错觉倒是有呢。

斋藤： 来自妈妈的全盘肯定确实是一种基本信任，也是人活在世界上非常重要的东西，因为是很多必要感觉的基础，但对女孩子来说，这种肯定是不是需要附带条件？

角田： 是这样的。

斋藤： 那还真是够苛刻的，毕竟大家都是在母亲身边长大的。等于女性一出生就背负了更多阻碍。

角田： 真的是这样。

斋藤： 我在想是不是也存在有利的一面，就是早期没有被全面肯定的好处。

角田： 嗯，我觉得肯定有，应该是会让人产生主动思考吧。思考自己，也思考关系。斋藤老师的大作叫《母亲控制着女儿的人生》，其实我大概在小学四年级还是五年级的时候就有意识地在思考类似人生观的东西了。虽说母亲如何对待我不会百分之百影响到我人生的前进步伐，但相当程度上还是有关联的，比父亲的影响要大得多。

❖ 对日本家庭观的疑惑

斋藤：说起来我想问一个俗气的问题，角田老师作品里呈现出来的母女之间的纠葛，多大程度上是基于实际体验写成的呢？就是关于作品中的母女关系，有多少是基于您自己日常生活里发生的事情，或者是您内心产生的情感波动呢？

角田：实际的亲身体验其实相当少，但感情上的东西还是打了基础的。我觉得肯定做了基础。

斋藤：也就是在亲身体验的延伸上进行了创作。的确，我记得您之前接受采访时说过，创作《对岸的她》❶（文艺春秋，2004年）那段时间开始转变了创作方向，从实际体验转向构筑另一个世界，我想知道这其中的契机是什么？为什么要转变创作方式呢？

角田：写《对岸的她》之前，我写了《空中庭园》，当时久世

---

❶ 《对岸的她》是一部长篇小说，描写了女社长和家庭主妇两个人之间的女性友情及其破裂。（原文注）

光彦先生❶写了篇书评,我读了很受打击,但其实是好事情,之后就想做些转变。而且,我一直想写自己角度看到的东西,不断挖掘自己的感情啊、感受方式啊,以及自己的立场之类的,但很多东西堵住了,一筹莫展的时候读到久世先生的书评,有种豁然开朗的感觉。那之后有意识地做了转变。

斋藤:久世先生的书评是怎么写的呢?

角田:他说,"《空中庭园》读着非常有趣,一个家庭的谎言不断被暴露出来。但暴露后也就暴露了而已,无非是彼此说原来撒了这样的谎啊,这么过分啊之类的话,没有下文了,我忍不住想,这算什么?"自己堵住的部分和这句"这算什么"在我心里咔嚓一声合在了一起,我想"我的小说必须要迈过'这算什么',才能继续朝前走",为了跨过"这算什么",我不能再拘泥于自己当时的立场、情感和感受方式,必须要稍微隔开一点距离和过去做个切断。

斋藤:"这算什么"听起来是否定性很强的语气,但你没有当成是否定。

角田:我觉得是否定。即便是否定,我也觉得那是很棒的书

---

❶ 久世光彦(1935—2006),日本小说家、制作人。

评。而且久世先生也不是不分青红皂白地否定，算是贬低吧，但我觉得是很受益的贬低。

斋藤：我倒觉得《空中庭园》很有意思。用第一人称写了全家人的视角，有点《竹林中》❶的感觉，好像进入了一个不知真相在哪里的世界。这种写法真的冒险。

角田：谢谢您的评价。

斋藤：我记得您在采访中说，最难写的是外婆的视角。这个故事完全是您虚构出来的吗？

角田：是的。

斋藤：所以大家都被骗了吗？我这么说可能有点过分，但从实际经历这个角度来说其实是没有现实性的对吗？

角田：是的，没有。

斋藤：不过这个方法也是可行的。您创作《空中庭园》时，是打开了自己的内心后，顺其自然写下了那些泉涌出来的内容吗？

角田：是这样的。写《空中庭园》之前，我心里其实对日本的家庭观有一定的疑惑，我当时想，与其直白地写出来，或许把自己的疑惑、厌恶，还有愤怒写得再强烈一些更好。

---

❶ 《竹林中》是日本作家芥川龙之介 1922 年发表于《新潮》的短篇小说。故事讲述一名被杀武士的身亡经过，故事中每个人对事件的说法不一，令剧情更加扑朔迷离。黑泽明执导的《罗生门》就取材于这部作品。

斋藤：这么说，其实这本书的主题算不上很明朗。确实有的家庭大家"什么都可以敞开说"，但这种家庭背后，大家都会各自有见不得光的想法，彼此并没有心意相通。要说残酷，书里也描写了残酷的一面，我觉得这里其实就有现实性。

尤其是故事里呈现的母女关系的纠缠，比如外婆和妈妈之间的关系。妈妈一直很想创造理想的家庭，也一直很努力，但这么执着的背后其实与外婆给她的苛刻的成长环境有关。母女关系的矛盾是不是会这样一代代继承下去？这是我的假设，您是不是也有这种看法呢？

角田：对，有的，而且从我亲身经历来说也是这样的。从我小时候起，母亲和外婆的关系就不算特别好，妈妈会说外婆"好讨厌"，还说"你外婆啊太过分了，根本不会照顾孩子，只顾做自己喜欢的事情"。我外婆特别特别喜欢长谷川一夫❶，每次长谷川一夫出现，她就撂下所有家务事跑去看好几天（笑）。我妈一直对我说，"我小时候啊基本是被散养的。"

我妈一直有工作，但很着迷于自己做饭，无论如何都要自己做。我每次看到这个场景就会联想，是不是外婆不做家务只

---

❶ 长谷川一夫（1908—1984），日本男演员，被誉为日本美男子的代名词，代表作品有《次郎长富士》。

顾着看长谷川一夫给她造成了影响，让她觉得"我一定要让孩子吃到家里的手作饭菜"呢？我就是这么吃家里的饭菜长大的，结果年轻时我一个人住，连猪肉和牛肉的区别都不清楚，还觉得能一直吃垃圾食品太幸福了，后来慢慢意识到这也是我的连锁反应。不过某种意义上也是健全吧。

斋藤： 我多多少少能明白你说的，不过这里说的"健全"能再仔细解释一下吗？

角田： 可以理解为正常。和我妈生活在同一个家里，她教我语言，也教了我思考方式，撇开喜欢不喜欢，这么几十年生活在一起，母亲作为我的上一辈影响了我很多，如果说没受到影响才不正常吧。这种影响可能是接受妈妈说的话，也可能是反抗她和她对着干，我觉得两者都有。

斋藤： 就是说受到影响是很正常的事情。我非常能理解，是不是也可以说角田老师您对家庭基本持肯定态度呢？

角田： 对家庭的看法啊，我现在有了一些变化。写《空中庭园》之前，我其实很反感日本普通的家庭观。我觉得大家对家庭的看法有点美化过头了，认为家庭就应该是非常好的东西，是特别美好的存在。可能这种看法来自广告吧。广告里不是经常有饭后一家人围在一起喝咖啡啊，夫妻一起喝酒啊这种看起来很"团圆"的家庭场景嘛,看起来轻描淡写,但慢慢渗透进了现代日本人的家庭观念里,一点点根深蒂固。

斋藤:我完全同意,而且觉得有一件不可思议的事情是,媒体把结婚和家庭都描述成很理想的模样,但旁观者会觉得那不过是谎话连篇,看看自己的情况就知道和现实完全不是一回事。即便如此,还是有很多人会受到媒体的影响,这是为什么呢?

角田:我觉得大家认为那"很赞"吧,就好像大家看了偶像剧后会想"这种恋爱太棒了"一样。

最近,斋藤老师的书和信田小夜子老师的书《妈妈是无法承受之重》(春秋社,2008 年)先后出版,不论是小说还是随笔,主题都是母女关系,但其实前几年大家还不太敢光明正大地表达"我好讨厌我妈妈""我好讨厌家里人",总感觉这么说是不被允许的。一定有很多人为此而十分苦恼吧。

斋藤:现在都敢大大方方说出来了吧。

角田:比以前容易说出来了。佐野洋子❶ 有一本书叫《静子》❷

---

❶ 佐野洋子(1938—2010),日本著名绘本作家,代表作有《活了100万次的猫》。

❷ 《静子》是一部感人至深的长篇散文,记录了佐野洋子与母亲迟到六十年的和解,成长过程中的种种不理解与怨恨,在得了老年痴呆症的母亲被送进养老院后,慢慢发生了变化。

（新潮社，2008 年），我觉得还没有哪本书像这里面一样敢赤裸裸地说"太讨厌母亲"（笑）。亲子关系里面当然不全是"非常讨厌"，一定也有爱的成分，但大家能接受书里写出这些内容也就是最近的事情吧。

斋藤：佐野老师在某种程度上已经是独孤求败的地位了，什么都会画，真的很厉害，但我觉得《静子》这部作品尤其厉害。我自己的书里也说到了一点，就是只有女儿会感受到责任感、负罪感，女儿们讨厌母亲后，疏远、抛弃她们，但之后又为自己的所作所为产生负罪感。我还遇到过的情况是，就算讨厌母亲她们也会说"如果发生了战争我肯定背着妈妈一起逃跑"，这还真是剪不断理还乱的"业力"啊。角田老师也这么客观地理解吗？

角田：是的。

斋藤：您和父亲的关系没有这样的感觉吗？

角田：没有哎。

斋藤：我觉得日本的家庭至上主义还是很顽固的。背叛家庭的人会被狠狠抨击，反过来拥护家庭观念的人会得到很高的评价。

2004 年有三个日本人在伊拉克被劫持为人质 ❶，但他们当时被网暴得很厉害。要说他们做了多么恶劣的事情，我觉得还不至于，但大家对他们的斥责远远超过了针对犯人的程度，这实在匪夷所思。我觉得这和他们背离家庭这一点有很大关系，因为他们都是单身汉，抛弃家人去了伊拉克。

反过来，重视家人的反派摔角手 ❷ 也会被大家交口相赞。我脑海中浮现的是摔角手龟田兄弟 ❸。他们作为反派选手进行表演，但他们家父亲与儿子的关系一直是宣传点，刚出道时观众们非常吃这一套。普罗大众的观念基本信奉家庭至上主义，一旦有人破坏家庭，肯定会激起周围人的强烈抵触。

但我也不是说全盘否定家庭就是好的，就像角田老师所说，母亲对女儿倾尽全力所传递的东西非常宝贵。如今价值观

---

❶ 伊拉克人质事件是指 2004 年因伊拉克战争牵连，伊拉克武装势力劫持了三名日本人并限制其人身自由，向日本政府提出"自卫队撤离"的要求。三名人质于一周后被释放，但受到了舆论的攻击，指责其无视撤离提醒，对自己不负责任。（原文注）

❷ 日语原文为「ヒール」，来自英语的 Heel，与正派摔角手（Babyface）相对应。职业摔角是以表演方式进行的摔跤比赛，在擂台上以竞技方式进行的表演艺术。反派摔角手是扮演坏人、反派的角色，在比赛中常用犯规战术与粗暴的格斗风格，比如攻击胯下要害、凶器攻击等，甚至会出现对裁判施暴、到观众席乱斗的行为。

❸ 龟田兄弟是指哥哥龟田兴毅和弟弟龟田大毅，出生于大阪市的职业拳击选手，父亲龟田史郎是他们的拳击教练。

什么的也只能通过这种形式得以传承吧。毕竟教育做不到，制度也做不到。如果说人与人之间还能抱持同一个价值的话，也只有通过母亲传给女儿这种连接方式了吧。感觉像是否定了家庭就没办法开启人生，或者说家庭也算是我们的靠山吧。

❖ 无法理解的男女之间的鸿沟

斋藤：话说，《空中庭园》里有各种视角，但好像对男性的兴趣没那么大。您写父亲和儿子的视角时怎么考量的呢？

角田：我是想写一个不像父亲的父亲，所以这一点比较容易。

斋藤：书里出场的父亲不是那种很有父性的人对吧。

角田：是的。

斋藤：我感觉角田老师小说里的男性大多都不负责任地逃跑了（笑）。这是您对男性的设定吗？

角田：可能是我偏爱这样的男性吧（笑）。出色的男人啊，在小说里很难让人感受到魅力。大家会想"这种人不只是写在小说里就好了"。比如主人公非常苦恼的时候，这种完美男性很可能出现说"没事，换其他事情也是一样"，这么冷静的男性在小说里确实没有魅力啊。

斋藤：确实很难写在小说里。小说需要很多交织着阻力啊纠缠啊这些情节才能成立。儿子的视角是用第一人称写的，会不会觉得不好写？

角田：这一点还好。

斋藤：为什么呢？

角田：从我决定开始写小说时，主人公一直是和我同年龄段的女性，但有时候也会想要不要换一下叙事者，写一写男性视角，不过很纠结，因为担心自己能不能做到，会不会被人说写得太假，太有女人的痕迹之类。对这一点我考虑了一段时间才下决心，但写比自己年轻的男性视角还不算太棘手。

斋藤：原来是这样啊。那您是不是发现写男女没那么大区别？

角田：我觉得还是有不同的，两者之间有一条无论如何都难以相互理解的鸿沟。不过也有相同的地方，比如脚指头突然被高跟鞋踩到，无论男女都会叫出来"好疼"，从这个视角来写的话就没太大问题。如果能找到这些共同点，从相同之处开始写就能写下去。我小说里写的男性至今还没有被说过不像男人之类的，我觉得我写的应该还可以吧。

斋藤：其实您小说里那些狠心的男性和青春期男生的内心都有

强烈的现实感，我读起来完全没有违和的感觉，真的是一边感慨小说家的想象力真不得了，一边忍不住好奇究竟如何拥有这样的想象力。我站在男性的角度来看，母女关系是一种很极端的存在，也让我感觉看不懂女性的事情。角田老师对男性有没有理解不了的事情呢？

角田：有的。我的原生家庭里都是女性，我又一直读的女校，都没有接触过青春期的男孩子，总有种半路上缺了什么的感觉。与其说我觉得男女之间不能相互理解，不如说是我不熟悉这种情况。

斋藤：不能互相理解的部分是什么呢？是指欲望的表现方式这些吗？

角田：思考方式啊，对事情的处理方法啊，这些。

斋藤：遇到某些情况，男女如何应对确实有天壤之别。

角田：对啊。

斋藤：您就是在这种地方感觉到违和吧。《恋母》里的《两个人住》是一篇特别精彩的短篇小说。我读得很粗浅，但其中母女产生连接的时候，我能共情她们。其中有一个场景我印象很深，说女性之间能相互明白"购物时会产生好事即将发生的感觉"，但男性出场了大家就会说"这家伙肯定不明白"。您是不是觉得这就是男女之间的鸿沟呢？只有女性才能共情这种感觉上的东西吧。

角田：是这样的。

斋藤：您是从至今为止的经历当中领会到男女的不同之处吗？应该不全是吧？

角田：对，不全是。

斋藤：我时常觉得，男性的迟钝有时一不小心也能拯救自己，这也是有鸿沟的地方吧？

角田：对的。

斋藤：感觉两者之间还是不能相互深入理解。

角田：我们只有和别人组建了家庭后，才能真正长大，因为随着和外人的关联越来越多，原生家庭所构建的东西才能渐渐被打碎。而且我总觉得，和异性的交往是不是在其中起到了非常大的作用呢？我在《两个人住》里很想写出来的一点是，已经很大年纪的主人公拒绝和异性打交道，其实就是执着于家庭和自己妈妈的习惯。

斋藤：说到这里我和您的看法是一致的，但感觉有点压抑啊。刚才我们聊到母亲对儿子的肯定时，其实母亲说的"喜欢你的全部"不过是单方面的感情罢了，因为儿子完全没有这种省察。说到底只是妈妈单向道的"单相思"。但现实中，妈妈和女儿就能几乎百分百共享这些感觉，共享很多习惯，能亲密地继续共建关系。角田老师没有经历过这种状况吗？

角田：没有呢。

斋藤：所以您是假定了有这样的事情存在，或者说从与有这种经历的人的聊天中想象出来的吗？

角田：是的。我以前说过一个词叫"一卵性母女"[1]，大概就是从这种角度想到的吧。

❖ 在母女亲密的背后

斋藤：我对母女关系的情况一直都很难搞明白，但听到"一卵性母女"这个词的时候，一下子得到了很大的启发，真是太感激了。尤其是身体的同一化这一点，普通的父子关系根本不理解这是什么，也是最难想象到的。角田老师在少女时代和母亲有过这样的感觉吗？

---

[1] 一卵性母女，指妈妈和（青春期之后的）女儿有相互依恋的关系。两个人关系好到可以手挽手，相互穿对方衣服。这个词在20世纪90年代之后流传开，用来表示母女之间亲密无间。（原文注）

角田：我其实没有这样的经历，但准备写的时候突然想到的就是《两个人住》里面，给对方看内衣的画面。

斋藤：就是通过身体感觉来产生连接。

角田：我想写的母女关系，是自己读了也会胸口感到难受的那种。所以写和孩子亲密无间的妈妈时，我在想"做什么会感觉不正常呢？""做什么是自己讨厌的，甚至觉得恶心的呢？"于是想到了穿着内衣出现在妈妈面前会让人觉得"啊，这也太糟糕了"。然后就写了。

斋藤：想到"太糟糕了"这一幕，是在杂志什么的读过类似的趣闻吗？还是自己想到的？

角田：嗯，是自己想到的。我在想母亲做的事情中，我最讨厌的是什么呢？偶尔一起去泡温泉的时候，换衣服看到彼此还好，但专门买的高级内衣，穿上了说"妈妈你看"，我觉得这真的挺恶心的。

斋藤：好像的确是现实中会发生的趣闻，所以我总以为是在杂志或者哪里读到过的，您这种天马行空的想象力真的太厉害了。

经常听到的都是女儿交了男性朋友后，妈妈介入其中，或者指导女儿这样那样做，各种干涉，反过来女儿这边主动对母亲做些什么倒是很新奇，所以这一幕让我印象很深。而且，虽然她们母女关系亲密，但并不持久，尤其是母亲去世之后。我说的有点剧透了，但女儿又穿着内衣在镜子里注视自己的场景十分有象征性，让人费解。不过，您反而刻意没有做任何解释，这一幕是您刚开始着笔就设想好的吗？

角田：这段真的是让人读后感到很糟糕，或者说没那么愉悦，如果收尾在主人公想让母亲和自己亲密无间这里，这部小说会让人感觉压抑、残酷且厌恶，所以我还是希望主人公能在哪里朝前迈一步，希望她能自己找到出口。母亲嘛，从年龄上来说会先离开这个世界，这之后的人生要如何度过，"希望"二字肯定很难说出口，但我还是想让主人公把视线从母亲身上移开找到另外的出口。这种念头在我写的过程中很强烈。

斋藤：《两个人住》里面有一句话，"当我这么一想，我有一种骄傲的胜利感。不是对妈妈，怎么说呢，是对自己的人生。"这里骄傲的胜利感应该不只是说她和妈妈的关系，但还是有种权利斗争的口吻。

角田：这本书的主人公是那种顺从妈妈的人，这也是为什么她放弃结婚，我觉得有您说的因素。

斋藤：虽然她说"不是对妈妈，怎么说呢，是对自己的人生"，但主人公的人生还是有母亲深深浸染的痕迹。这样来看，从哪里到哪里才是自己的人生，感觉很难区分得清楚啊。通常容易出问题的都是彼此纠缠的母女关系吧。比如从来不表扬自己，或者经常说否定话语的母亲，可一旦遇到什么事情又突然依赖女儿，也有反过来的情况，母亲过度干涉女儿，随便拆开女儿的信封，偷听女儿电话这样。主人公这句话说得很吸引人，但《两个人住》里描写的母女亲密的背后这一幽暗，说不定连当事人都没有意识到。我觉得这一点有划时代的意义。

妹妹是在中间出场的。妹妹后来的家庭是从反抗一直过度干涉自己的母亲开启的，她就对孩子完全不干涉，属于放养类型。对母亲的反抗实际上也是一种被控制，所以姐姐一直很同情妹妹。从现实来看，妹妹这种类型的母女问题更常见到，姐姐这种好像没怎么被描写过吧。您是否在刚开始下笔的时候，就想过要表现出超越现实中常见的容易被理解的母女关系，写出纠缠背后的幽暗呢？

角田：是的，的确如此。我从二十岁后半到三十五岁这段时间，有很多机会听同龄的朋友分享母亲的故事，其中也有女孩子神采飞扬地和我说，她喜欢并尊重自己的母亲，认为母亲的价值观超级棒。但也正是这些女孩子，一旦发现"这不是我的价值观"，就会猛烈转向憎恨父母的立场，或者改变自己。这都是我亲耳听过的事情，于是想到了这一点。

斋藤：是您身边就遇到过这样的事情吗？

角田：是的。

斋藤：就是被妈妈偏执地控制着，某一天突然反应过来？

角田：有的人意识到了，也有人没意识到。意识到之后陷入痛苦的人也有很多。

斋藤：是不是意识到自己过往顺从妈妈活着的人生没有价值？

角田：感觉她们在否定自己之前先否定了母亲。有段时间很流行一个词"Adult Children" ❶ （AC），还冒出来很多人说"我就是 Adult Children"，然后问对方"你也是吗"（笑）。

斋藤："Adult Children"这个流行词确实有扩散开的苗头，这种词的传播力也很强。尤其是现在有些人和父母的关系不好，如果找不到特别明显的原因，他们就会归因于父母的养育方法。这个表达有便利的地方，但不好的是在有些人的理解里，会把家庭普遍存在的问题都当作虐待来看待。

---

❶ Adult Children，指孩子从小成长于不健全的家庭环境，比如父母有酒精依赖症，于是孩子成年后也有童年阴影。这个词产生于美国，20 世纪八九十年代在日本普及开。（原文注）

通常来说，造成 Adult Children 的原因在于母亲和父亲只给予孩子附带条件的爱。所谓附带条件的爱是指学习成绩好才爱你，或者是乖孩子才爱你，给孩子这样的感觉。可问题是，正常的家长也会说这样的话，不好说这是不是真的附带条件的爱，只有很久之后回过头来看才明白，"那句话原来是这个意思啊"，这样更容易想通。不搞清楚状况就认定自己是 Adult Children 的人一下子增多，还挺混乱的。可能正因为如此，很大一部分母女问题就浮于表面了。

以防误会，我这里说明一下，Adult Children 的本意是指被患有酒精依赖症的父母抚养长大的孩子，并不是说偏成熟的孩子。所以这个词想表达的是他们在虐待环境里长大成人后不清楚自己应该承担的责任范围，也不知道要如何实现自己的欲望。随着这个词的流行，随之而来的过度解读实在讨厌。不过，"Adult Children"这个词的出现让大家开始意识到妈妈的控制，我觉得这个词最重要的作用是提供了"觉察"。如果能意识到后从中抽身，这个词大概就发挥了最重要的作用吧。然后呢，您那位朋友后来过上了幸福生活吗？

角田：听母亲话的朋友不止一人呢。有的到现在还没男朋友，所以什么都没意识到，也有人意识到了，但直到抽身都很痛苦，还有人非常憎恨妈妈。我有一个看法不知道对不对，我觉得随着我们即将迈入四十岁，无论如何一切都会慢慢好起来啊。可能因为自己不是真正意义上的 Adult Children 吧，总是吐槽"妈妈怎么怎么了"，会让自己的日常生活变得很辛苦，我觉得总会变好的。

❖ 离开了也会有负罪感

斋藤：从控制或者咒语的关系中逃离出来，至少还有分开住这么一个选项，从角田老师自身的经历来看，离开母亲身边后，她对您的影响减少了很多吗？

角田：我二十岁那年离开了家，先不说离开家对我有没有用，我母亲本身是一个非常喜欢干涉别人的人。所以她对自己的女儿也一直想插手去控制。我当时对这一点毫无察觉，而且这也不是离开家的借口，但二十岁那年我说想一个人出去住的时候，母亲哭着说不要，我不顾一切地转头走了。一旦走后拉开了距离，我们的关系反而变得特别好。一直等到我三十岁左右，又出现了一段吐槽"我妈妈这个人真的是……"这样的时期，然后又恢复到比较好的状态。总之有起伏。

斋藤：是母亲的态度变化引起的起伏吗？

角田：不是，态度变化的不是妈妈而是我自己。每一次都是隔开距离后我才能冷静地想"没想到妈妈这么有趣，还挺喜欢她"，于是就靠近了，等感觉到"似乎还是不行啊"，又会隔开距离，好像都是这样在重复。

斋藤：想拉开距离的时候，对方配合吗？

角田：是的。

斋藤：从您的聊天中可以感觉到，母亲对您的控制力还蛮强的，话说您二十岁离开家的话，也就是 1987 年的事情对吗？

角田：是啊。

斋藤：我记得您在采访报道中说过，离开的时候，母亲把准备好的钱拿给你，说"拿着这些钱走吧"。

角田：那是后来的事情了。

斋藤：反倒给人一种很爽快的感觉，她在经济方面对您没有约束对吗？

角田：是的，这方面没有。

斋藤：您有没有觉得这很冷漠呢？

角田：没有觉得哎。可能我离开家这件事也让母亲想了很多吧，比如"我在女儿身边的话会干涉很多吧"，或者察觉到自己做得过分了，会感觉有一点恐慌吧。处理家里的东西时，她把我放在老家的绘画啊作文啊全都寄过来，说"放在你那里保管吧"。那一刻我才知道妈妈也有让我明白"不能什么都依赖她"的想法。

斋藤：母亲的这种想法是自然而然产生的吗？

角田：是啊。突然寄到我这里，我还以为"是不是因为和她吵架了"（笑）。但仔细一问，她说"反正都分开生活了，自己的东西自己保管吧"我才知道她有这样的想法。

斋藤：她这个想法没有和你说过吗？

角田："各自过好各自的生活吧"，她说过这样的话。

斋藤：突然这样做确实会让人以为"是不是吵架了呢"。同样的事情肯定会有人大吃一惊，但您还是很冷静地听了母亲的解释。

角田：所以我一下子就轻松了。离开家的时候，母亲哭着不让走，这让我一直以为"自己做了错事"。等到她和我说"你管好你自己的生活，我们有彼此不一样的人生"的时候，我想"那不用再纠结以前的事情了，我一个人好好活着就行了"，心里有一块地方也豁然开朗。

斋藤：我的拙作《母亲控制着女儿的人生》里提到了一点，母女关系之所以麻烦，一个因素就在于女儿的罪恶感，或者说责任感这样的东西，用我书里面的一个词叫"受虐式控制"❶，是说母亲全力付出让女儿有负罪的感觉，还试图共有这个感觉。但这一套对儿子完全不起作用，不知为何女儿普遍都很容易被束缚住。这其中当然有个人差异，不过听了角田老师的话，我觉得您在这方面倒是干脆利落。

角田：是这样。但刚离开家那段时间我还挺有负罪感的。

斋藤：其实并没有做什么坏事，一件都没有。

角田：还真的是这样（笑）。

斋藤：是什么样的负罪感呢？这是我想不明白的地方。

角田：听了您刚才的聊天，我对有些事情"啊"的一下恍然大悟。比如，每次想起母亲为我做的一些美好的事情，我会自动加入一些特别的情感，让这件事看起来"更快乐""更有趣"，其实是带着一丝伤感的附加情绪。以前交往过的一个男朋友给我说过一件他母亲的趣闻，他当时是纯粹当作美好的回忆和我说的。我那一刻却在感慨"原来男孩子是这么想的啊"。我觉得这就是您刚才提到的简单。可女性回想起美好的事情，都带

---

❶ 受虐式控制，临床心理学家高石浩一提出的理论，是说自己付出辛劳让对方产生"抱歉"的感觉，从而控制对方。（原文注）

有一些特别的情愫。我自己感觉，这种特别和附加都与负罪感直接关联。

斋藤：我感觉这是关键。一种独特的伤感啊。

角田：伤感，或者类似于乡愁的感觉。当然有一部分是对妈妈的，同时附带着一部分"回不到过去那样的时光"的感觉。

斋藤：我发现这里聊到了非常重要的地方。不知道男性会不会有附加成分，但他们对妈妈的感恩可能绝大部分是在脑子里想好的理由，让人明显感觉到是口头功夫。所以这种感恩终究无法在身体层面上实现，或者说也没办法让他们产生负罪感，还真是个华而不实的孝顺。一般提起日本的孝顺，大家都会想到野口英世的母亲鹿女士写的信❶，笹川良一背着母亲的铜像❷等，这些"男人对母亲的爱之物"最后还成了孝顺的原型。

听了您的分享之后，我觉得纯粹的亲子关系的精髓还是在

---

❶ 野口英世是日本著名的细菌学家，也是日本千元钞票上的肖像人物。其母亲野口鹿目不识丁，因思念在美国念书的儿子，请人教她写字，用毫不修饰的大白话，写出了对儿子最直接、最真实的情感。

❷ 笹川良一是日本大正、昭和时期的政治家，社会活动家，任日本船舶振兴会长。1989 年设立"笹川日中友好基金"，无偿用于中日之间的政治、经济、教育等领域的友好交流活动。他名气大也在于提出了"关爱老年人"的口号，建造了一座背着母亲爬台阶的铜像，立于笹川纪念馆正面玄关旁侧。

于母女关系，这也是更核心的内容，我对此有很大的兴趣。所以母女之间就能共情这种伤感吗？

角田：我觉得母女的感受完全不一样，但能感觉到彼此。

❖ 妈妈是一个看不懂的生物

斋藤：《空中庭园》是从很多不同的视角来叙述的，但基本上涉及母女问题时，几乎都以女儿的视角来写。《恋母》里的《欧芹和温泉》和《两个人住》也是如此，都是从女儿的视角往下挖掘。其中也出现了妈妈的视角，但都是很多反省，很多后悔。从我浅显的理解来说，母女问题里面感到愤怒的往往都是女儿，妈妈只是无觉察地在回应，这是我以前的印象，但拜读了角田老师的小说后，我有了一个新的认识，发现"原来母亲也很烦恼"。所以您也认为母亲有很多纠结吗？

角田：我的母亲就是一个非常容易后悔的人，可不就是这么回事嘛。

斋藤：母亲在和您的关系里有什么后悔的事情吗？

角田：与其说是和我的关系，她倒是喋喋不休地爱说"那时候那样做就好了""要是做了这件事就好了"，或者"真后悔没给你做这件事"之类的话，她是这种类型。

斋藤： 也就是说有的母亲会自觉地后悔，有的母亲不会是吗？

角田： 应该也不是这么说的。实际上可以分为无意识的情况和有机会去意识到的情况。如果我那时候一直待在老家，妈妈和我很可能就无意识地住在了一起。

斋藤： 聊一个假设的话题，您觉得《两个人住》里的母亲是什么情况呢？

角田： 是无意识。

斋藤： 能不能意识到有性格原因，也有那个人的角色所致吧。我觉得肯定不是自己脑子里会主动考虑的东西。

角田： 是的呢，还有环境。

斋藤： 这一点也能做区分呀。我拜读了您的几个短篇后忍不住感慨，人类的内心始终有着对什么的恐惧，而且是自己也说不清楚的东西。

角田： 嗯，是这样。

斋藤： 有本书叫《福袋》❶（河出新房新社，2008 年），里面收录了一篇《箱子阿姨》，读着有点匪夷所思。故事说的是主人

---

❶ 《福袋》是一部连载小说，收录了八篇描写潜藏在日常生活中的诡异或者不可解释的事情。《箱子阿姨》的故事讲述了女主角收到不认识的"阿姨"委托保管的牛皮纸箱，但不知道其中为何物，十分苦闷。（原文注）

公突然被委托保管一个箱子，打开一看，出来了一双鞋。我很喜欢大卫·林奇❶的电影，读这篇的时候就有类似的诡异感。我觉得小说想表达的倒不是阿姨有多奇特，而是每个人的内心都有一个密室。

角田：是的。我经常想，人身上有着自己也想不明白的部分……

斋藤：我觉得《空中庭园》就是这样。描写的母亲的秘密着实让我震惊，与此相比，男性的秘密就显得可爱多了。

角田：可能人意识到每个人都无法理解的部分，这个契机正来自母亲吧。我在到达一定年龄之前，一直以为母亲就只是母亲，好像她从一开始就是母亲似的。然后有一天，我猛然意识到母亲在成为母亲之前是她自己。我觉得很不可思议，才想到"母亲的那一部分我完全不了解啊"。反应过来妈妈在此之前不是妈妈，但那部分我肯定无法明白时，我记得自己相当震撼。可能在那之后，人身上无法一眼看穿的部分，或者说自己也无法理解的东西愈发吸引我了。但如果这一点是父亲给我机会去

---

❶ 大卫·林奇（David Lynch，1946—　），美国导演、编剧，其电影作品风格诡异，带有迷幻色彩，属于超现实主义，《卫报》称他为"当代最重要的导演"。

意识到的，我也许就会多写一些男人身上的这种不可知吧。

斋藤：男性的不可知与女性的不可知有什么不一样呢？

角田：我捕捉这部分的时候非常依赖感性，所以用语言表达出来时没有什么理由，就是凭感觉。

斋藤：我站在男性角度来说的话，男性的无法理解其实很容易理解。即便不清楚他们真正的动机，我觉得理解后也更容易处理吧。

话说，我觉得您刚刚说的非常关键，对母亲和外婆的认识，从某种意义上说我们没有多想，或者说我们像是约好了，或者默认了她们的存在就是现在这样，当我们意外发现她们还有不为人知的一面时，会大吃一惊。其实意识到母亲是"独立的一个人"有着很重要的意义。吉永史❶有一本书叫《值得爱的女儿们》（白泉社，2003 年），里面描述了相似的故事，围绕着外婆、妈妈、女儿三代人之间展开。母亲一直处于压抑的痛苦中，是女儿先察觉到了这一点。我觉得只有意识到母亲这个角色是一个不完整的女性，才能从关系中得到解脱。

角田老师是如何触碰到这个时刻的呢？就是意识到妈妈并

---

❶ 吉永史（1971—　　），日本漫画家，代表作有《西洋古董洋果子店》《大奥》《昨日的美食》等。

不只是"妈妈",她也有作为独立的人的另一面。是开始接触母亲内心的密室之后吗?

角田: 是的,我觉得是这样。

斋藤: 得到的感觉是某种程度上的解脱吗?

角田: 我觉得是解脱感。

斋藤: 我站在治疗者的角度来看,如何让深陷母女关系苦恼的人拥有这样的感觉,是很重要的事情。也就是说,如何让他们找到察觉的契机才好呢?是只靠语言吗?但单方面说教总有不起作用的时候。有些人以为"妈妈的存在是固定不变的",这种情况下你想让她意识到母亲是一个独立的人,也有自己的界限和不自由,会怎么做呢?

角田: 我觉得我会让她尽量多说母亲结婚前的事情。我就是这么做的。

斋藤: 就是让本人去问母亲吗?这样做确实对当事人来说非常有用。

角田: 不过,这么做有用也是我们的感觉。有时候不一定是这么做了才怎么样,也可能是本人突然在某一瞬间明白过来,或者听了相关的话一下子茅塞顿开,感慨着"原来是这样",这一刻的察觉与自己当时的处境、年龄、环境、人际关系,以及自己和妈妈的关系都有关联，不经历一些事确实很难明白。

斋藤： 是的，我也这么认为。还没听说过哪个家庭会聚在一起说"我们来聊聊母亲结婚前的事情吧"，不是说没意义，而是有点刻意。

《空中庭园》设定的场景里，母亲制定了口号"让我们家没有秘密"，可结果当女儿问到自己是在哪里受精时，母亲感到很不愉快。从这个意义上来说，《空中庭园》这个题目很有象征意义，就是说再怎么理智地想着"应该如何"，也很难顺利达成。《空中庭园》中的坦白，更像是为了隐瞒什么而进行的。为了掩盖大秘密才不断坦白小秘密，如此一来，坦白失去了现实感，在这样的前提下，大家只说母亲爱听的话也没了意义。在什么时机下、怎么开口说这个话题确实很难，但只要有一个启发也许就能做到。我觉得大家发现母亲不完整的那一面，和现在完全不同的一面特别重要。

角田： 我是过了三十岁才开始和妈妈一起外出旅行的。我们平时分开各自生活，每年大概一起旅游一次。但每次旅行真的是让人火大（笑），总在想"这个人为什么这样"。脱离了日常生活的妈妈也会不经意说些有一搭没一搭的事情，比如说起自己结婚前的事情，那一刻我会突然感觉到这是女性之间的聊天，或者她突然说"我打不开罐头的易拉盖"时，我感觉她变成了一个有点奇怪的妈妈（笑）。我也和日常生活隔开了距离，会忍不住想"这个人这么怪啊""让人这么火大"。旅行本来就是离开日常，正因为如此我才看到了妈妈不同寻常的一面，听她说了不同寻常的话，会生气，也会察觉到"原来我们是这里合不来啊"，我觉得这是旅行给我带来的意外收获吧。我经常在旅行目的地想，"明年再也不一起出来了。"但回到家又为这个想法感到内疚，转念想"为什么自己在那里要孩子气地和妈妈怄气啊"，结果还是每年都外出。对我来说，一起旅行这件事还是有好处的。

斋藤： 角田老师会在旅行的时候表现出怒气吗？

角田： 过了三十五岁后，我成熟了，明白母亲不是我小时候以为的那个超人，她只是个衰老的大妈罢了，这么一想我就努力忍住了，但也有忍不住的时候（笑）。

斋藤： 这还真是难以想象（笑）。话说回来，我记得角田老师在采访还是哪里说过，即便生气也未必能得到对方的理解，所以只是在心里火大，不会表现在脸上。

角田： 那是对其他人的情况，比如社会关系中的其他人，还有工作伙伴之类的。

斋藤：对母亲会完全不掩饰，对吗？

角田：肯定啦（笑）。

斋藤：最后负罪感促成了下一次旅行。

角田：是啊。有负罪感，也有一种不服输的心理，想着"我下次绝不让妈妈再抱怨一句"（笑）。旅行也有快乐的时刻，回味着"那时候还挺开心的"，就有挑战下一次旅行的勇气了。

斋藤：您在随笔里写了母亲去世时候的事情，说那些感谢和怨恨并没有随着母亲的离开而破碎，反而在她去世后依然持续着，这点让我印象很深。那之后也一直没有变化吗？

角田：没有变化吧。这和我们刚刚提到的《妈妈之魂》不同，假如妈妈去世这件事让人想到"妈妈那么爱我却……"，然后大哭，或者想着"我恨死这个事情了，绝对不原谅她"，很容易在心里产生非常极端的 A 或 B，也就是非黑即白的情绪，但其实并非如此，我们依然有喜欢母亲的地方，也有讨厌她的地方。我了解的妈妈其实只是妈妈的一部分，她也是独立的人，有着我完完全全不知道的部分，这种想法倒是和妈妈活着的时候一样，没有变化。

斋藤：也许这里就是母女关系羁绊最深的地方吧。男性在这方面的处理非常简单，他们往往以过世为节点，可以干脆利落地以旁观者的角度叙述故事。男女的处理相当不同。站在角田老师的立场上，父亲去世时您的失落感，以及感情的变化，是不是和母亲过世时有很大不同呢？

角田：爸爸是七十一岁那年走的。他是个非常少言的男人，在我的记忆里，几乎没有和他进行过亲密的沟通。这样看来，和妈妈相比还有一点不同的是，我会恍惚"那是谁啊"。父亲当然也有我不了解的地方，其实也有过语言上的交流啦……但比如说从我现在的角度来看，我十八岁认识的人可能都比我和父亲的交往更长。这么一想，十七年其实是弹指一挥间。加上和他还没怎么说过话，所以和母亲过世时的失落感真的不一样，"不知道他的事情是损失"这种心理倒是更强烈。爸爸也好妈妈也好，都有我不了解的那部分存在，但对父亲真的觉得，如果有机会了解再说吧。

斋藤：交流的密度完全不同。

角田：是的。

❖ 母性是本能吗？

斋藤：说回《第八日的蝉》这部作品，某种意义上也是以母女为主题的，女主角爱上出轨男性，之后诱拐了他的孩子，畏罪潜逃，最后作为母亲被逮捕。后半段以女儿的视角展开。这个故事是有什么案件作为启发从而想到的吗？

角田：最大的启发是斋藤老师在大作中提及的一点，就是对母性的质疑。母性是本能的东西吗？只要是女人都会有吗？还是说后天形成的？我自己内心对本能的说法是有愤怒的，于是设定了"也许这并不是本能"，这是这部小说的核心部分。把这一点当作小说的核心后，我想到了身为亲生母亲但感觉不到母性的女性，以及没有血缘关系却充满母性的女性。这里想到的"母性"更像是一种能力。此外，不是会有人说"女人是生育机器"这种过分的话嘛，没想到现在还有舆论认为女性生孩子是天经地义的事情，我也想对这一点发出质疑。

斋藤：这一点非常关键啊。虽说有母性神话这种东西，但母亲与孩子之间的关系还是给人感觉被外部束缚着。角田老师的立场也是认为"没有这种东西"啊。

角田：从严谨的意义上来说我不敢断言，但我个人还是非常抵触的，就是对大家普遍觉得女性都有母性这个想法抵触。

斋藤：是啊。我在自己的书里写过，本能说从学术角度来看基本是被否定的。即便在精神分析的世界，人类原本就没有本能是一个前提，说有直觉倒是没错。书里还提到，本能虽然不存在，母女关系却在身体上偶尔有相似之处，而且关系里卷入了很多夹杂着各种情绪的感情，这些经历会让母女之间的羁绊逐渐加深，于是就发展成了进退两难的关系吧。从这个意义上来看，所谓母性之爱是后天或者事后形成的，和家庭没有关系的其他"女性"也能做母亲，这也是我在书里做出的提示，就是说可以构建模拟家庭的那种交流。我真心觉得角田老师的指正言之有理。

我还有最后一个想问的问题，今后您也打算继续写这类主题吗？

角田：有这个打算。随着自己年龄渐长，女性的人生课题也会发生变化。离婚啊，生孩子、养孩子之类，放眼周围，感觉大家都发生了很大变化。可能我之后很快也要遭遇更年期综合征了吧（笑），会有不太一样的妈妈和女儿的多种视角吧。从这点来看，我的小说可能不会脱离包含妈妈在内的女性群体。

斋藤：角田老师的经验，就是说您创作小说的时候，不是以自己的经历为底板去小说化，而是先提纯，再以抽象的形式注入力量，最终写出了完全不同的虚构作品。我觉得这一点实在了不起。所以还请您今后继续为我们解锁各种女性视角。今天真的非常感谢。

角田：谢谢您。

❖ 对谈结束

　　小说这种题材，肯定不是单纯依靠想象力或者自身经历就能写出来的。即便把经历搁置起来，那些留在心里的部分也会生根发芽，在想象力这个函数的"外插"作用下发出力量。我觉得角田老师的小说可能就是这样写出来的。《恋母》和《第八日的蝉》这样的杰作虽然不是基于实际经历创作的，肯定也有这样的创作背景。我从这次的对谈中就捕捉到了其中的吉光片羽。

　　而且，角田老师提到的，与母亲之间"一想起美好的趣事就有些奇特的感情"，还说到了"一种类似于乡愁的伤感"，我觉得都是小说家独有的、细腻的着眼点，深受感动。此外，角田老师提了一个想法，如果想从妈妈那里得到解脱，可以去问一问"母亲结婚前的事情"，也就是母亲在做母亲之前的事情。我会当作建议时不时用起来。

对妈妈的负罪感不会消失

萩尾望都 × 斋藤环

萩尾望都，1949 年出生于福冈县，以《波族传奇》《第 11 人》获第二十一届小学馆漫画奖。《残酷之神所支配的命运》获第一届手冢治虫文化奖漫画类优秀奖，《沉睡的秘境》获第二十七届日本 SF 大奖。在 "Comic-Con International 2010" 获得墨水瓶奖。2012 年获得紫绶褒章。

❖ 母亲对待女儿的不同

斋藤：讲述母女关系的书应该以案例研究为中心，但在我看来，全部写案例研究感觉缺少趣味性。我的书（《母亲控制着女儿的人生》）的特点是选了一些虚构作品来看待这个问题，尤其是少女漫画，我引用得特别多，其中关于萩尾望都老师的作品《蜥蜴女孩》❶（小学馆，1994 年），我还写了自己的理解。基于这样的背景，今天我专门邀请了萩尾老师做对谈。

　　我写了《母亲控制着女儿的人生》这本书后，发现有趣的一点是，那些看起来没有母女关系矛盾的人也表示能从中得到共鸣。我听到不少人说自己没有这样的经历，但多多少少能明白这样的感受。我就觉得妈妈和女儿的关系之难果然还是有一定的普遍性吧。我身为男性，在这方面的共情能力发挥不了作用，也就有点理解不了。这个问题我只能向女性讨教，萩尾老师围绕这个主题创作了很多精彩作品，今天我想就这方面多多

---

❶ 《蜥蜴女孩》里，蜥蜴公主变成了人类女性，生下了两个女儿（姐姐丽佳和妹妹麻美），但姐姐丽佳长得像妈妈，看起来像蜥蜴，妈妈不爱她，而丽佳也因为被妈妈厌恶而感到痛苦。作品描述了妈妈和女儿之间爱与恨的纠缠。（原文注）

向您请教。

首先，还是绕不开《蜥蜴女孩》这部作品。我觉得这部作品最出彩的地方是人看着像蜥蜴这一点，真的只能用出彩这个词来夸赞了。视觉上很有冲击力，而且在象征性地描写某种关系时也很奏效，您是如何想到蜥蜴的呢？

萩尾：非常感谢您的肯定。我其实蛮喜欢爬虫类动物的（笑）。我不觉得它们的外形看着恶心，也很喜欢蜥蜴。以前偶然有一次，我看到了一段讲加拉帕戈斯群岛❶的蜥蜴的影像视频，有一个画面是蜥蜴的四只脚张开趴着，一直盯着太阳看——应该就是在晒太阳吧——但我觉得那个表情似乎在说，"啊，我竟然变成了蜥蜴。我本来是想变成人类的。"人类胎儿在演化的过程中也有尾巴，眼睛也不是一开始就长在正面而是在侧面，看起来真的很像蜥蜴，之后才一点点长成人类的模样。看到蜥蜴，我就在想，还真像人类胎儿的脸啊。要是写一个蜥蜴想变成人的故事会很有趣吧，于是就有了《蜥蜴女孩》。

住在海里的蜥蜴公主祈祷着"想变成人"，依靠魔法的力

---

❶ 加拉帕戈斯群岛是东太平洋接近赤道的火山群岛，由厄瓜多尔加拉帕戈斯省管辖。由于环境特殊，长期与世隔绝，动植物自行生长发育，造就了岛上独特而完整的生态系统，被称为"生物进化博物馆"。

量真的变成了人类，还生了两个女儿。但是两个女儿里，姐姐怎么看都长得像蜥蜴。母亲厌恶孩子的理由，其中一个就在于"和我长得像"，母亲能生出蜥蜴，只能因为生孩子的母亲本来也有这方面的基因，于是有了这个幻想的故事。

斋藤：母女关系里，具身性这个要素有很大的影响。听了您的分享，我想您的这本书是不是也涉及了演化的问题呢？《沉睡的秘境》❶里，桐谷为什么要读《个体演化与系统演化》（史蒂芬·杰伊·古尔德❷著，渡边政隆译，工作舍，1988年）呢？您一直有涉足这个领域吗？

萩尾：我从以前就喜欢读遗传和演化相关的书。我会思考人类为什么会变成人类。

斋藤：原来如此，其实是对那些没有变成人类的生物的一种弥补吧。从强调相似性的意义上来说，母亲讨厌长得像蜥蜴的女儿（丽佳），之所以更疼爱妹妹（麻美）也是因为她不像蜥蜴。

---

❶ 《沉睡的秘境》是一部科幻作品，梦境向导（渡会时夫）和儿子（桐谷）进入了持续沉睡七年的少女的梦境"芭芭拉"后，试图解开梦境。作品中桐谷读的《个体演化和系统演化》（*Ontogeny and Phylogeny*）是美国生物学家史蒂芬·杰伊·古尔德普及科学史、进化论、生物学知识，解锁进化之谜的科学书。（原文注）

❷ 史蒂芬·杰伊·古尔德（Stephen Jay Gould，1941—2002），美国古生物学家、演化生物学家，曾在哈佛大学任教，也在美国自然史博物馆工作过。

萩尾：是这样。妹妹生出来的时候，是母亲想要的人类的样子。

斋藤：妹妹看起来是正常的人吧。母亲去世时变成了蜥蜴的脸，这一点十分冲击读者，那母亲有没有意识到自己本来就很像蜥蜴呢？

萩尾：书里有段插曲，亲戚中的大妈每次说"丽佳和你长得一模一样"时，母亲都很生气，其实母亲对自己过去是蜥蜴这件事的记忆被封存了，她自己忘记了。如果她能客观看待的话，对女儿的看法可能也会发生变化吧。

斋藤：母亲对女儿长得像自己这一点缺乏自我觉知，做出这样的举止也是无意识的，即便调整了行为也没用。

萩尾：母亲被问到"为什么讨厌这个女儿"时，她自己也不知道原因。可她又隐约察觉到女儿好像遗传了自己不喜欢的地方。简单来想的话，自己的女儿这样是没办法的事情，但母亲并不想调整自己的认知，于是只能看到自己讨厌的部分。

斋藤：有没有反过来的呢？就是女儿看到母亲会反过来想，"我不想变成这个样子。"

萩尾：我觉得这样的情况很多啊。

斋藤：也有情况相反的可能性？

萩尾：是啊。我小时候就会想，我唯一不想成为的人就是母亲这样（笑）。

斋藤：为什么呢？

萩尾：我妈妈是个活火山一样的人（笑）。情绪很暴躁，一年三百六十五天，真的是三百六十五天都在发脾气。

斋藤：就是说每天都在喷火。

萩尾：是的是的，每天都在喷发。我小时候问过妈妈，"为什么你每天每天都在发脾气？"但妈妈说"我觉得自己很温柔啊"，说"我的母亲（外婆）非常严厉，我过得十分辛苦，才想着要对自己的女儿温柔"，她还说，"我生气还不是因为你不听我的话。"

斋藤：想控制女儿的念头果然很强烈啊。

萩尾：我觉得她就是不会包容，要求非常高的人，要求别人一定要按照她说的做。

斋藤：不过至少不是那种不讲理的发脾气吧，那种就像虐待了。她发脾气算是有理由的吗？

萩尾：嗯……我觉得还是有的吧。反正她开门总是气呼呼的，哐当哐当，从早到晚都是。

斋藤：每一次都有她的理由吧。

萩尾：有时候有理由，有时候也是乱发脾气。

斋藤：她乱发脾气的时候有没有意识到？

萩尾：没有吧。我妈不是那种对自己的行为有意识的人。

斋藤：但她还是认为自己比母亲（外婆）做得好吧。

萩尾：外婆在我读小学二年级的时候就去世了，我对她几乎没什么印象，但她时不时会来我家玩儿，我记忆里她确实是个说翻脸就翻脸的人。

外婆是做杂货生意的，那个时候我们小朋友之间流行玩跳房子，我的石头碎了用不了，我就对外婆说"我想要这种石头"，外婆说"我下次来的时候拿给你"。我还专门交代"我想要大石头"，但外婆拿来的是小石头，我就说，"外婆，你不是答应我给我带大石头吗，这个好小啊。"然后外婆突然就生气了（笑）。

斋藤：对外孙女发脾气啊（笑）。不会对你举起巴掌之类的吧？

萩尾：那倒不会。但我总是被吓一跳，于是哭着跑去拽妈妈的衣角，虽然妈妈也总是生气。

斋藤：这感觉有点不讲道理呢。坦白说，您会不会明白过来，母亲是被这样的人养大的，所以她也这样对你。

萩尾：现在这么一说我就想通了。

斋藤：所以母亲还是比外婆做得好很多吧。

萩尾：妈妈也是非常强硬的人，我下次回老家的时候就想问问她，"妈妈和外婆吵架的时候有没有哭过啊"，还有很多其他想问的。

斋藤：母亲大人现在不会再轻易发脾气了吧。

萩尾：是啊，她现在也尽量控制着不随便发脾气了，虽然还是会突然情绪暴躁。我们可以假设那个容易急躁的妈妈在我们旁边，斋藤老师您手里有一瓶没打开的矿泉水，她就会介意，说，"斋藤先生！你为什么不喝这瓶水啊！你快点喝啊！"（笑）我们只能努力又努力地控制自己的情绪说，"我现在还不想喝，等下就喝，您稍微等一下。"都不知道她为什么突然那么在意水的事情。

斋藤：这种情绪还真的让人摸不着头脑啊。某种意义上也算是段子的宝库吧（笑）。

话说，萩尾老师好像是兄弟姐妹四人，其中三位都是女性吧。所以您家会不会有《蜥蜴女孩》里描写的那种差别对待？妈妈对所有孩子都公平地发脾气吗？

萩尾：对所有人都一视同仁地发脾气。只不过我上面的姐姐是更黏爸爸的那种孩子，性格十分乖巧，妈妈每次喋喋不休地说她时，她就"哇——"哭起来了。妈妈就会拿这件事对住在附近的外婆吐槽，说"这孩子一说就哭，说不得"。

斋藤：一哭她就沉默处理了。

萩尾：是沉默处理。于是又把没发泄出来的部分转移到我和弟弟妹妹身上了。

斋藤：萩尾老师不怎么哭吗？

萩尾：是的。我一哭，妈妈就把我当傻瓜，这让我很受伤。

斋藤：那她不会暴躁升级吗？

萩尾：妹妹倒是会一边顶嘴一边哭。

斋藤：真的是三个人三个样啊。这种状态持续到了什么时候呢？

萩尾：妈妈的性格一直没有变化……

斋藤：萩尾老师是在某个时间点离开了家吧？

萩尾：是的。二十岁那年离开了家，在东京做漫画家后开始了自己的生活，然后与父母隔开了距离，他们住在九州。我真的是松了一口气。

斋藤：是非常舒服的解放感吧？

萩尾：我自己当时还没意识到，但妈妈来东京玩的时候我好像会紧张。我朋友都经常说我，"萩尾，你为什么在母亲面前这么紧张啊?"

斋藤: 旁观者一眼就能看穿呀。

萩尾: 因为我总是小心翼翼地配合她,祈祷她不要发脾气,不要发脾气。

斋藤: 这样做有用吗?

萩尾: 有用的,因为我很小心,但,真的很累。

斋藤: 为了让妈妈不发脾气地满意而归(笑)。创作漫画这件事当然本身很重要,但某种意义上是不是为了逃离母亲呢? 有没有这种意义上的重合?

萩尾: 真的有。我差不多小学三年级的时候就想离开家了,晚上钻入被子就会想,"要是离开了家,我去哪里好呢?"

斋藤: 那个时候就有这样的想法啊。

萩尾: 还是因为妈妈有点难相处吧,我会祈求"只要不是在这里,哪里都行"。

斋藤: 我们经常听到"家庭罗曼史"❶ 这个说法,您会不会怀疑"我会不会不是这个家里的孩子"?

---

❶ 家庭罗曼史(Family Romance)是精神分析学家弗洛伊德在 1909 年首创的学说,指出孩子到了特定的阶段后,不再相信自己这样特殊的个体竟是如此平庸的父母生下的,转而臆想自己真正的父母其实是非凡人物,比如贵族、冒险家、天神等。

萩尾：会，我和妹妹甚至会因为"到底谁不是这个家里的孩子"而竞争。

斋藤：总是被训斥，所以妹妹也会有这样的想法吧。

萩尾：是的。不过每次一说到"你是从桥底下捡回来的"，大家就相互推脱，说自己不是捡来的（笑）。

斋藤：这种时候姐姐不参与进来。

萩尾：是的。

斋藤：姐姐和父亲相处得很好？

萩尾：相处得特别好。爸爸整体是很温柔的人，和谁都能相处得好。

❖ 父母不理解漫画

斋藤：萩尾老师和父亲的关系如何呢？

萩尾：爸爸是非常稳重的人，就算妈妈情绪暴躁，他也完全不吼孩子，我非常喜欢爸爸。

斋藤：原来是这样。印象中父亲和母亲的关系好不好呢？

萩尾：他们的感情非常好。妈妈从小受到的教育是要捧着男人，所以她很努力地去迎合爸爸。

斋藤：您说父亲待人接物很温柔，所以他们的相处应该是很顺滑的。

萩尾：对。爸爸的性格可以说是草食男 ❶，是很稳重的人。

斋藤：是草食男？刚刚在休息室聊天，您提到父亲十六岁开始练习小提琴，之后边上班边继续练习，还成了小提琴老师。我觉得他一定有相当不得了的专注力。

萩尾：他一边在公司上班一边做小提琴老师，好像是想做职业的音乐家，但因为生活啊战争啊这些，最终没能实现梦想。他现在九十多岁了，还在拉小提琴，也耳聪声亮。

斋藤：这种入迷真的了不起。

萩尾：爸爸是意志力很强的人。

斋藤：你们有没有话不投机的时候呢？

萩尾：完全话不投机啊（笑）。

斋藤：人很温柔，但说不到一起啊。

萩尾：完全说不到一起。

---

❶ 草食男，又称草食系男子，是日本作家深泽真纪 2006 年创造的流行词汇，指年约 30 岁的男性族群，特点是性格内向、消费节俭、没有野心、没有追求自己人生目标，乐于过着安逸而平淡的生活。草食男并没有追求购买奢侈品之类的物质与名利的欲望，对性爱没有兴趣，也没有兴趣追求女性谈恋爱。

斋藤：你小时候就发现了这一点吗？

荻尾：我是和他转述我在书里看到的内容的时候，发现我们说不到一起，因为有时我会和他说些无厘头的话，比如"爸爸，好像有四次元的世界哦，你觉得呢？"有一次，我在一本学生杂志上知道了夜间中学的存在，"明明是中学生，但能白天工作，只在晚上学习，竟然还有这样的孩子"，我十分震惊，就问他，"爸爸，你觉得呢？"那时候爸爸好像又说了毫无道理的话，"日本有义务教育制度，没有这种夜间中学"，聊天结束（笑）。

斋藤：是个很执着于自己想法的人啊（笑）。

荻尾：真的是"活得很正确"的一个人。

斋藤：难怪他的学习能力很强，包括练小提琴这件事。

荻尾：是的。他认为世上有墨守成规的东西。我后来慢慢长大，在报纸上读到了关于原始部落问题的文章，想起来小时候好像也和爸爸说过这个话题。"爸爸，我听说世界上有原始部落这种存在，是明治时代用来区别身份地位的，可现在还残存着，还有人因为想结婚而被区别对待，最后自杀。太可怜了。"结果爸爸说"这种身份制度应该早就被废除了，现在没有了！"

斋藤：好厉害啊。但我听您这样说，我觉得您很努力地想告诉父亲关于这世界的一切。

萩尾：我觉得爸爸比妈妈博学得多，所以我读到一些很震惊或者很感动的内容都想和爸爸说一说。

斋藤：结果却被否定了。这种情况下您会怎么想呢？认为报纸说得对，还是爸爸说得对呢？

萩尾：我很尊重爸爸，但这种事情一次次出现后，我就退缩了，会想"人类的知识原来会在某个时间固定下来啊"。比如爸爸学到的是"身份制度被废除了"，他之后再也没有修正过这方面的信息。

后来，我成了漫画家，爸爸经常在我工作期间来找我。他看到我对工作助理说"今天真的太感谢了"，然后付给对方薪酬的时候，竟然说什么"为什么要给那些人钱？那些人不是你的徒弟吗？正常来说，徒弟应该给老师付钱吧？你不应该给他们钱。你是不是被骗了啊？"（笑）我对爸爸解释，"哪里的漫画家都需要助理，没有他们就没办法工作"，他还是说，"付给他们的钱要日结吗？哪里有这样的事情？"我继续解释，"哪里都是这样做的。"但爸爸还是隔段时间就会问起为什么付钱这个事情，他理解不了。

斋藤：他大概是没有"雇佣"这个概念吧。

萩尾：我以前想过做画画老师，可能他以为我在教他们画画吧。

斋藤：画画老师！哇，那是真正意义上的"老师"❶啊（笑）。

萩尾：他好像就是那么想的，他连女人为什么要工作都搞不明白。

斋藤：无法想象女儿这么努力地在赚钱。那他以为您是在做什么呢？

萩尾：是啊，觉得我在做什么呢？所以每次见面他都说我，"你啊，别太任性了。差不多可以辞职了吧？"是很认真地对我说哦。

斋藤：他觉得你是在闹着玩儿，或者出于兴趣爱好吧。

萩尾：可能以为我纯粹是爱好。

斋藤：他希望你辞职后找个正式工作？

萩尾：二十五岁之后，妈妈对我说，"你差不多可以把这种工作辞了吧？"我问她，"我现在靠这个工作吃饭，要是辞职了我靠什么吃饭呢？"结果被她说，"电视台啊报纸啊都有人来找你，在电视台在报纸上露脸不好吗？"

斋藤：为什么会有人来找你演出，她倒是觉得理由无所谓（笑）。

---

❶ 日语原文为「先生」，意为"老师"，但漫画家、作家、律师、医生等职业的人也被称为"先生"。

萩尾：随便什么理由都行（笑）。妈妈很不喜欢漫画这种东西，所以她哗地一下就把漫画从自己的世界推开了。

斋藤：即便没办法推开，也还是推开了。

萩尾：她就是假装看不见，好像假装夜间中学不存在那样。

斋藤：真是不可思议啊。母亲那代人不怎么读漫画吧。

萩尾：是不读漫画的一代人。最多就是看到报纸上的《海螺小姐》❶后说一句"今天的海螺小姐很有意思啊"。

斋藤：她能看懂四格漫画啊。

萩尾：能看懂，但妈妈那代人成长过程中还是会被教育，"漫画是不好的书。"自己女儿从事这方面的工作，会让她发自内心觉得很丢人吧。

斋藤：所以漫画在家里肯定也是被禁止的了？

萩尾：以前是被禁止的，但有时候为了表扬我，也会让我在出租书店里借一本回来。

斋藤：表扬才给啊。

萩尾：好像给小孩子糖那样。

---

❶ 《海螺小姐》是 1969 年在日本上映的动画片，由山岸博指导，描述阳光的海螺小姐每天有活力地生活，作品形象地反映出日本战后三十年的社会、家庭史，是日本家喻户晓的长寿电视动画片。

斋藤：让人感觉真的是不想给你读漫画。

萩尾：我读小学后，他们对我说，"以后就不能读漫画了哦，漫画这种东西是幼儿园的小朋友为了学习假名才读的。"那之后他们的态度基本也没动摇过。

斋藤：原来他们对漫画是这种印象。不知道母亲的这种观念在她的价值观里究竟有多深。

萩尾：她结婚前就这样定型了吧。

斋藤：后来完全没变化吗？

萩尾：是啊。

斋藤：通常来说，要过好日常生活，就必须不断摄入新知识。母亲会不会去记一些明星的名字啊，或者学一些新歌？

萩尾：这种就有。爸爸的声音很好听，也喜欢唱歌，但他觉得流行歌曲是"糟糕的"，古典乐才是最好的音乐。我读初中的时候疯狂喜欢披头士乐队，还找朋友借来了 *Please Mr. Postman* 的黑胶唱片，在家里一直听啊听，不知道听了多少遍。开的音量也不是很大，但我回到家，爸爸问，"你在听什么？"我回答说"披头士"，结果被他训斥，"等你长大了，你就知道你年轻时听的音乐有多无聊了。"

斋藤：全盘否定啊（笑）。父亲连试图去理解披头士的想法都没有吗?

萩尾:爸爸自己喜欢古典乐,没想去理解披头士吧。他很讨厌打鼓的那种吵闹,电子音的刺耳,他不认为那是音乐。

❖ 意识到父母也曾经是孩子

斋藤:虽说有年代不同造成的代沟这个因素,但我觉得您成长过程中还是受到了不少压制,这会不会激发了您的反抗,或者说您以反抗的形式转向了创作?

萩尾:我每次设定主题时,可能一个很重要的点就是"得不到理解"。即便说出来也没人能理解,那我要怎么做才能得到理解呢?和谁说才能得到理解呢?我觉得人与人的关系当中,包容是很重要的一个要素。

斋藤:《可怜的妈妈》(《11月的寄宿男校》❶收录,小学馆文库,1976年)里面,儿子杀死了母亲。您的作品里频繁出现"弑亲"的主题,这是无意识的描写吗?

---

❶ 《11月的寄宿男校》是一部收录了七篇作品的短篇集,《11月的寄宿男校》的创作原型是《托马的心脏》。《可怜的妈妈》描述了一个有冲击力的故事,少年发现妈妈爱的不是爸爸而是另有其人,但这份爱无法实现,妈妈深陷孤独之中,于是少年杀了妈妈。(原文注)

萩尾： 朋友对我说，"你的故事里，母亲总是死哎"，我这才意识到，"说起来还真是。""心理阴影"❶这个词还没怎么流行开的时候，我只是单纯感觉，作为剧情来说"在这里死掉的话会是高潮"，于是就让母亲死了，杀死母亲的时候我一点也不犹豫。不过我也有想过，是不是我心里也有这样的想法呢？

斋藤： "弑母"这个主题的确在您的作品里反复出现。

萩尾： 是的。更典型的作品里，我在故事的开端就不让父母出现。

斋藤： 一开始就消失啊，等于是不让他们存在。

萩尾： 这样就非常容易操控出场人物。《沉睡的秘境》是我第一次从父亲的角度来描写亲子关系。

斋藤： 也就是从父母的视角来描述。我一直觉得这是相当创新的尝试，您是有意从这个视角来描写的吗？

萩尾： 是的。

斋藤： 这样的描写有没有带来什么新发现呢？

萩尾： 画《沉睡的秘境》之前，我在《残酷之神所支配的命运》（小学馆，1993—2001 年）这部作品里一直从孩子的视角

---

❶ 日语原文「トラウマ」，音译自英文的 trauma。

来描父母的暴力。九年的创作中，我不得不思考"父母到底在想什么"这个问题，于是我想象自己是年轻父母，结婚后生下孩子，从自己的角度想了很多。站在孩子的立场上，父母从一开始就作为父母君临天下。孩子就这样看着一开始就做了父母的父母，一天天长大，但父母在很远的过去也曾是孩子，也是渐渐长成现在的样子的。我们后知后觉意识到这一点。那一刻我们第一次理解父母其实不是神，只是普通人。我在画《沉睡的秘境》时明白了人类父母有了孩子后会发生多大的变化啊。

斋藤：我觉得这是非常重要的觉察。写《母亲控制着女儿的人生》时我也提到了这一点，女儿往往把自己和母亲的关系绝对化，以为无论如何都无法摆脱这种控制，但意识到妈妈也是一个不完美的普通人这件事后，才能获得自由。萩尾老师意识到这一点的契机是创作《残酷之神所支配的命运》这本书的时候吧。

萩尾：画《残酷之神所支配的命运》时，我大概处于四十岁到五十岁之间，那时距离我成年已经过去了二十年到三十年的时间了。我注视着自己，想，我真的长成了大人吗？这种感觉就是大人吗？我好像没有豁然开朗的感觉。所谓大人，我觉得要更成熟一些，当我意识到自己二十多岁的时候，四五十岁的父亲和母亲也会有我现在的感觉时，我就知道他们也非常不成熟。如果说自己四十多岁时最切身的感觉是什么，我觉得和我十五岁之后到二十多岁那段时间的感情思绪很接近，就是希望自己变得更理性，也变得更智慧，这么一想，我觉得青春期这种东西还盘踞在我心里赖着不走，进而又想，父母是不是也有这一面呢？

斋藤：我觉得青春期的感性，还有感情的表达方式对于创作作品十分重要，但您的意思是您不是有意识地去呵护的，这种感性却一直保留在身上。

萩尾：我不知道其他人是什么情况。我身边的朋友多是漫画家或者编辑，我们每次说起这个话题，都觉得无论到什么时候我们都没法变成大人（笑）。

斋藤：这样来看，现在的萩尾老师心理年龄有多大呢？

萩尾：嗯——我从来没觉得自己某一刻长成了大人，感觉自己心理年龄也就二十岁左右吧。

斋藤：那就很难找到成熟的感觉啊。这一点对创作作品来说不是有很多优势吗？

萩尾：可能是吧。但青春期都是从前的事情了，对创作到底有多大作用呢？嗯，有点看不透呢。

斋藤：我觉得父母的角度是很重要的，但《沉睡的秘境》里，渡会教授让人感觉靠不住，总是左右摇摆。与其说他是一个软弱的父亲，我倒觉得是把他描绘成了一个想成为强大的家长却总是做不到的人。这种没有自信的父亲是您在影射自己的情况吗？

萩尾：我觉得我要是长成了大人养育了孩子，想哭的时候就会在孩子面前哭出来。渡会教授被儿子反抗的时候，常常放声大哭，我就想啊，如果是我母亲遇到这种情况，她肯定会对我嚷嚷，"你在说什么！"然后越说越暴怒。渡会教授是第一次做父亲，被逼急的时候就哭了，结果反过来被儿子说，你要成熟一点哦。

斋藤：流眼泪的父亲在某种意义上也是理想的父亲啊。我在临床上见到的案例里，亲子关系都非常生硬，但有时候父亲的感情到达一个极限哭出来后，反而会发生戏剧性的变化。我觉得，能哭出来的父亲是不是更了不起。

萩尾：其实某种意义上，不管儿子愿不愿意，我都让他站在了理解父亲的立场上。

❖ 无论多大年龄，负罪感都不会消失

斋藤：展现出弱势的父亲，简单来说算是好父亲，但母亲就很

难做到这一点，是不是因为会让人感到别有用心呢？

萩尾：因为大家觉得女人哭是理所当然的事情嘛，结果却是哭了也得不到关心。而且女人哭的时候会让人感到不知所措啊，总觉得母亲一哭，就必须听她的话。

斋藤：真的是受虐式控制啊，通过让人产生负罪感去进行控制。

萩尾：母亲哭泣的细节能创作出好故事，其实有时候女儿即便不是受虐式控制，也难以逃离控制。

斋藤：萩尾老师的母亲完全没有这样控制你吧？

萩尾：我觉得妈妈只是容易情绪暴躁。

斋藤：这倒是有点像用权力进行控制。受虐式控制是那种纠缠在一起的、不明显的控制力，孩子怎么都甩不掉母亲，吃很多苦头，但您经历的不是这种，而是情绪暴躁的控制力，会不会有一种"逃为上策"的感觉呢？

萩尾：真的是如您所说。我和父母起冲突最严重的是二十五岁之后的那几年，爸爸和妈妈一唱一和地对我说"赶紧把工作辞了吧"（笑）。他们说"把所有工作都处理好了回九州吧"。可我会想，我明明在东京工作得好好的，你们为什么一定要这样说我呢？结果他们说，"你在东京的话，就不会听我们的话了。"于是我在电话里对妈妈讲，"我来东京后从来没有想家。我会在这边生活，我想留在这边。"妈妈就给我寄了一封信，特别可怕，她说，"你说的这些话，我会记一辈子！"（笑）我还自问，"我说了什么啊？我不过是说我一次都没有想念故乡而已，怎么对妈妈来说是那么凄惨的事情呢？"

斋藤：反应那么大啊？

萩尾：我真的是吓一大跳。不过如今我也在东京不在她身边，我觉得她可能时不时会想，"啊，望都不在我身边，好寂寞啊"，也可能会想"都没有人玩儿，太无聊了"之类的。

斋藤：她果然还是希望你想念她，也希望你对她有感恩之心。

萩尾：我们不是都会陪妈妈看电视嘛，比如很漂亮的女演员很坦诚地说了句台词是"正如您所说"，我妈妈看了就会说我，"要是你也这么坦诚就好了"。

斋藤：她想要的是坦诚啊。

萩尾：我觉得她明明想听的是，无论什么事情我都说"好的好的"。

斋藤：还真是想当然啊。

萩尾：因为她说的话都很想当然，我就很有反驳的冲动。不过反驳了，和她也说不通。可能对我妈来说，女儿就是一条虫子吧,不是人类……啊,我又想到了《蜥蜴女孩》的灵感。

斋藤:可能无法一概而论,但我觉得要是男孩子被这么糟糕地对待,肯定逃走了,还可能会音信全无,但您为什么还是把父母叫到了东京,和他们一起开了公司呢?

萩尾:一起开公司是起冲突之前的事情,刚成立的时候我们的关系还算平稳。我在东京工作,要是不在他们身边,我还是会每天被他们唠叨。我当时有一种误解,"我们之所以会吵架是因为我以前是个孩子,但是现在不一样了啊!"

斋藤:萩尾老师当时还是想和父母重新建立融洽的关系吧。

斋藤:可是每次他们一来又说"为什么要给助理付钱"这种没有常识的话(笑)。比如妈妈还会突然告诉我,"我们这一天去你家住。"我回复,"妈妈,不好意思啊,我那天安排了很多工作,会有两三个助理来家里,你们能不能去住酒店?"她就吼我,"你说什么呢!父母来了你怎么能让他们去住酒店?!你让助理去住酒店啊!"到最后还脱口而出什么"你去和编辑说,你那天没办法工作"!

斋藤:你没有想过"这样不行"吗?

萩尾:想过。

斋藤:那你们为什么还一起开公司呢。

萩尾：是开公司之后矛盾升级的。成立后没多久我们大吵一架，以前的那些冲突也全都啪啪啪地蹦了出来。最后的结局是，公司成立三年就解散了，我们也再次分开各过各的生活。

斋藤：孩子经历过不幸福的童年后，大多数情况下都会怨恨父母。您有没有对父母产生过这样的念头，"让我遭受了这些，我一辈子都记恨你们"，还是说想孝顺他们呢？

萩尾：我目前还是想先孝顺他们。

斋藤：为什么会这么想呢？

萩尾：很不可思议吧（笑）。我在他们身边会觉得恐怖，可是不在他们身边的时候，我又会想"他们把我养大了啊"。为了消除这种心理我得先偿还欠债。

斋藤：不知不觉之中，要负担的越来越多。

萩尾：就像一直偿还贷款的利息。我想的是，这样付出的话就能减弱我的负罪感，也能让他们不把我的事情想得那么糟糕。

斋藤：明明遭到了不好的对待，都想离家出走了，为什么负罪感还是更胜一筹呢？

萩尾：可能是我在书里读到过更不幸的故事吧。比如父母离开家之后连吃的食物都没有，父母死了之后兄弟俩分着吃一个红薯，还有父亲受伤后家里没钱治疗等等。我是战后长大的，当时读的少女小说里，记录了好多好多这种吃不上饭的真实的故事。还有被迫分开天各一方的事情，做学徒干活被鞭子抽打的事情等，和他们比起来，我还能每天好好吃到三顿饭，还能去上学。

斋藤：原来是因为吃饭和上学背上了负债感啊。

萩尾：他们还时不时给我买书。不过虽然和我说"只要是你喜欢的书都可以买"，最后还不是跟我说"买这本"！

斋藤：我觉得，这种负罪感很强的感觉是女性独有的。回到刚才的话题，我听说过家族一起经营公司的人有很多，但因为负罪感而想要孝顺父母，还一起开公司的人，不会很多吧？

萩尾：我知道的两个例子都是父亲退休后家里人一起开公司，这个给人感觉无非是父亲时间多，于是一起做了这件事。因为负罪感而想要和父母开公司的事情我也没有听说过。

斋藤：可能这样更务实吧，或者说家族经营更值得信赖？

萩尾：家族经营可能是更让人放心吧。

斋藤：或许您和父母之间的感情到现在还没有完全理清楚，但时至今日母亲的情况怎么样了呢？

萩尾：我有很长一段时间都没有回老家。几年前爸爸发生了交通事故，腹部缝了一个差不多二十厘米的伤口，住院了。当然现在已经恢复了，还活得生龙活虎，但那时候妈妈给我打电话说，"你爸爸可能不行了。"我当时没办法立即走，两三天之后才回去。那之前我已经有差不多八年时间没回老家了，那一年我每隔两三个月就回去看看情况。爸爸休养了一年差不多完全康复后，我又没回去了。

斋藤：还是保持着距离。

萩尾：是的。那一年时间里我回去了好几次，好像会有一种感觉，"是不是偶尔回来一次也可以？"但还是有必要做好心理准备（笑）。

斋藤：假如母亲的身体越来越差，考虑到您的内心情感，会不会有一些和现在不一样的调整？

萩尾：那还真是她身体不变差我不知道会怎么做（笑）。

斋藤：无法想象？

萩尾：不是有名字算命的吗，不好意思，突然说到算命的话题（笑）。我在电脑上算的，就是查了下"敏子"（日语原文「としこ」）和"望都"这两个名字是否合得来。结果查出来，"'望都'确实会主动靠近'敏子'，而'敏子'对'望都'一点也不在意"。

斋藤：漠不关心啊（笑）。

萩尾：对，就是漠不关心。我当时真的很受打击，虽然只是算命而已。

斋藤：您有没有感受到母亲想控制女儿的欲望呢？她虽然喜欢发脾气，但有没有想控制你的那种念头呢？

萩尾：可能她觉得去控制什么的太辛苦了吧，结果变成了发脾气。

斋藤：妈妈和女儿的相处方式中，母亲往往有想重新活一次人生的想法，您有没有感觉到母亲的这种念想呢？比如母亲会不会想，"希望女儿在这个领域出人头地"之类的。

萩尾：妈妈是四姐妹的家庭。她上面的那个姐姐，是家里的老二，学习特别好，听说我外公外婆很宠爱她，总对我妈说"这孩子聪明，你不行"。可能是这个原因吧，妈妈对我们的学习要求特别严，要是我们不认真，她就会拿我们出气，或者给我们施压。反过来要是我们考的成绩还不错，也不会被她表扬，不过是另一种发牢骚，说什么"不是做得到吗！为什么之前不好好学啊"？

斋藤：是不怎么表扬孩子的母亲啊。

萩尾：不表扬哦。要是学校里的老师对她说"您女儿表现很好，是母亲教得好啊"，她就很高兴，会得意地和附近的老奶奶聊起来。

斋藤：借用别人的话夸你。

萩尾：我觉得她是想表达"这都是我平时好好管教的结果"。

斋藤：您在漫画上的成就有没有得到她的表扬呢？

萩尾：没有，这方面完全没有。漫画不被她认可。

斋藤：拿奖的时候也没有？她不会为此而高兴吗？

萩尾：她肯定知道我拿了奖，也会读报纸上刊登的新闻。但我画漫画这件事，好像在她脑海里唰地一下消失不见了。

斋藤：这还真是不可思议，明明一切都是从漫画开始的。

萩尾：因为父母觉得漫画是非常低级趣味的东西嘛，自动屏蔽看不见。但是我拿奖啊上了报纸啊也是摆在那里的事实，他们只是单纯表扬我上了报纸这件事。

斋藤：真的是不可思议的评价。

萩尾：没有关于这方面的心理分析吗（笑）。

斋藤：这种其实就属于"否定"，不过否定到这么彻底的还真是不多见（笑）。明明就在眼前，还能视而不见。

萩尾：我做漫画家后接连出了好多单行本，还送给过父母。他们好像放在了客厅做装饰，有客人来的时候，他们拿出来说"这是我女儿画的"。可另一方面，他们又对我说，"你快把这工作辞了吧！"

斋藤：女儿明明那么出名了。

萩尾：明明都上过电视和报纸了（笑）。

斋藤：他们是不是希望你做明星或者什么，比如绘本作家之
类的。

萩尾：是啊，有段时间经常对我说"你把漫画家的工作辞掉，
去做绘本作家吧"。要是我做了绘本作家，别人问起"您家千
金在做什么"的时候，他们觉得回答对方"在画绘本"是很高
级的事情吧。

斋藤：这方面的排序倒是一直没有变化啊。

萩尾：我推测妈妈脑海里的这个排序是从她读女校时开始的
吧。到现在还是女校那个时代的价值观。

斋藤：当时的价值观一直保留到现在，然后继续压制女儿。

萩尾：妈妈那代人的价值观里，觉得"漫画不算什么"是很主
流的观念。

斋藤：可能是读不懂漫画，也可能是理解不了吧。萩尾老师的
作品的确理解起来有点难度，但他们有没有想过试着读一读呢？

萩尾：爸爸一开始读了还会和我交流读后感，他应该是读了
的。妈妈觉得追漫画的格子读台词太累人了吧。在设计学校读
书的时候，我拼命画漫画，给少女杂志的漫画教室投稿，拿

了两次奖，有几千日元的奖金。那时候妈妈说"原来你的漫画还能赚钱啊"，之后对我的管束才放松一些，还说，"那我也来读读看吧"，结果读了《别册 Margaret》❶（集英社）。我当时还想着"妈妈这也太罕见了，竟然读漫画"，结果她读完了对我说，"你这个家伙，画的都是这些无聊的东西吗?"（笑）妈妈读的是铃原研一郎❷老师的作品，讲的是在广岛原子弹爆炸中得了白血病的少女的故事，明明是那么让人感动的作品（笑）。

斋藤：她没有被感动还说很无趣啊。看来相互理解真的很难。

❖ 妈妈的语言诅咒

斋藤：不好意思，我要插入一个话题，也是今天很想请教的一个问题，萩尾老师早期作品里登场的人物有一个很大的特点，就是性特征不明显，都是性别未分化的身体，当时漫画家的观念都是刻意不描画性特征的吗?

萩尾：因为是少女漫画，会朝着柏拉图式的浪漫方向去画。我

❶ 集英社做的少女漫画杂志。
❷ 铃原研一郎，画少女漫画的男性漫画家。

对玛丽莲·梦露的电影和恋爱小说里的情爱一直很感兴趣，但比起身体，内心的情愫变化更能打动我。

斋藤：对异性恋主义，或者说对被规范化的东西，权利支配的东西，您有没有产生过反抗意识呢？

萩尾：完全没有哎。

斋藤：比如刚才提到的例子，妈妈和女儿的关系在某种程度上有具身性的关联，有时候不是会让关系变得沉重吗，您有没有哪一刻感觉从身体带来的诅咒里得到了解脱呢？

萩尾：那可能就是画完《残酷之神所支配的命运》后如释重负的时刻。那之后我能原谅很多事情了。我明白父母是父母自己，很多心结还是在于我自己。

斋藤：《残酷之神所支配的命运》最突出的一点就是您说的这一句。

萩尾：我自己还担心这一点表现得不够明显呢。我从中学开始着迷科幻小说，很喜欢，觉得现实世界有说不出来的疲惫，就很想描绘乌托邦。我甚至很久之前就想过，我想画的科幻小说的未来可能不是日本的，而是像欧洲那样美丽的世界，直接画日本的事物会觉得很力不从心。

斋藤：觉得描绘日本的东西力不从心的原因还是在于会有写实

的感觉吗？

萩尾：假如我画日本的东西，角色是母亲的话，我会不由自主地想到我妈妈的模样。

斋藤：就是说母亲成了阻碍，所以画不了日本的东西？

萩尾：当然会有很多不一样的文本，也会想，能画日本的东西也不错，只是为了画得更容易些，我从一开始就设定没有母亲的世界。

斋藤：从没有妈妈存在的世界起笔，故事就能更顺利地发展。果然《蜥蜴女孩》是一个转折点啊。这部作品是从正面描绘妈妈吧，这样画是不是容易一些呢？

萩尾：是的。用这样的方式来画就能完成。

斋藤：这也是《蜥蜴女孩》最成功的一点吧，就是"弑母"这个主题。从某种意义上说，也可以理解为女儿原谅了妈妈。

萩尾：也可以算是吧。

斋藤：然后我比较关注的一点是，《蜥蜴女孩》的女儿（丽佳）生了孩子后，她说了一句，"总觉得会长得很像妈妈。"这么说了后，似乎真的一点点越长越像蜥蜴了。另一个是，故事的最后她也说了一句让人难忘的台词，"妈妈的眼泪凝固住了"，让人忍不住联想，她表面上原谅了妈妈，其实却并没有那么彻底。

萩尾： 最后那句"妈妈的眼泪凝固住了"，我一直很纠结是放进去好，还是不放进去好，最后我想到，其实就算人死了，感情也不会完结，还是放进去了。

斋藤： 感觉最后留了点想象空间。既不是原谅，也不是杀死对方，而是有什么凝固住了，这种留白对我们男性来说正是无法理解的谜一般的东西。您觉得是什么呢？前段时间我和角田光代老师对谈的时候，也聊到了同样的话题。就是在各种各样的冲突过后，总有一部分感情像个大疙瘩一样残留着。那是一种有点类似乡愁的感觉，又像是掺杂了各种情绪、交织在一起的感觉，我说不太清楚。

萩尾： 我来东京之后，经常梦到我读小学时候的家。我小时候搬了好几次家，在熊本县的荒尾和福冈县的大牟田都住过，感觉小学读得特别漫长。我觉得小孩子最初与父母相遇，被抚养长大等很多体验，都浓缩在出生后到十岁这段时间里。之后孩子会不会离不开这个阶段，附着似的一直依赖父母呢？可反过来，孩子没有父母也没办法好好长大。

斋藤： 凝固的部分里，包含了刚刚提到的浓缩的体验吧。

萩尾： 所以我在科幻小说的世界里，不让那些承受了太多的大人养育孩子，我觉得这样似乎好一点，我也曾描绘过幻想的世界，但实际并没有这么简单。过了五十岁之后，我开始觉得这是无能为力的事情。

斋藤：无能为力，具体是说什么呢？

萩尾：就是只能接受。父母只能接受孩子原本的模样，孩子也只能接受父母原本的模样。

斋藤：作为父母来说，您母亲会有这样的意识吗？

萩尾：妈妈在她成长的环境里，在意着别人的眼光长大，不要让人在背后指指点点也是一个基准，她也在这样的规范里抚养孩子。结婚，丈夫找工作，育儿，孩子的学习，孩子考学，总之都是社会赋予市民的规范。他们认为"应该"没有夜间中学，"应该"没有身份制度，一直活在自以为的"应该"的世界里。于是，把孩子好好抚养长大也是一种"应该"。

斋藤：您母亲确实看起来是很执着于自己想法的人，但从另一个方面来说，母亲还是承担了她相应的责任，如果强行淡化这一部分，反而会进一步加深鸿沟，最后不知不觉带来双方更不可理喻的言行举止。听了您的话，我有这样的感想。

萩尾：我也觉得可能是这样。

斋藤：然而，我在书里也提到的一点是，母亲的很多价值观还有具身性的东西会通过特殊的语言传递给孩子。比如吉永史在《值得爱的女儿们》里面举了个例子，如果一直被妈妈说"你的这张脸真不好看"，那这句话就会印刻在女儿身上，女儿之后都不会觉得自己和美女有一点关系。《蜥蜴女孩》里，女儿一直被妈妈说长得像蜥蜴，最后也会真的这么以为，我觉得这些还是围绕着"语言的诅咒"这个主题，萩尾老师从小到大也被说了很多吗？一直翻来覆去被说同一个事情，会不会有束手束脚的感受？

萩尾： 如果被这么说了或许会是这样，但我好像没有这样的经历。

斋藤： 就是我们虽然受到来自很多方面的压制，但还是会被母亲的某句话一直困住，有一天突然反应过来，您没有这样的经历吗？

萩尾： 妈妈一直认为漫画很无聊，说我也差不多就是这些。我记得我以前读了手冢治虫的漫画后特别感动，所以妈妈说的话我都没有听进去，因为我觉得她都没有读过手冢治虫的漫画。

斋藤： 这么想的话，萩尾老师倒是被说了很多次"漫画很无聊"，但完全没受影响，而且用源源不断的出色作品推翻了这个说法。其实您没有被束缚住呢。

萩尾：是啊（笑）。包括妈妈还让我不要和某个孩子一起玩。

斋藤：小孩子交朋友也会管吗？

萩尾：管得可多了！我在这里插一些话，我家的门禁时间一直
到高中都规定得死死的。家里的晚饭六点开始吃，但我放学后
赶电车再回到家差不多要四点半，她让我必须在这个时间之前
回来，晚五分钟都不行。社团活动也一概不能参加，不过我还
是偷偷加入了社团（笑），回来晚了我就说在和朋友对小测验
的答案。

斋藤：还是对着干了啊，完全没有被束缚住。我听起来只不过
是当年斗智斗勇的描述而已。涉及性方面的禁忌或规定，母亲
会不会比其他禁止事项更严格要求呢？

萩尾：这方面有的。

斋藤：是尽量晚点告诉你吗？

萩尾：性方面的禁忌啊注意事项啊，妈妈倒是不会教训我，但
她会小声悄悄警告我。

斋藤：她是想用这种方式教你。

萩尾：但反过来感觉很恐怖啊（笑），有点像在威胁我。

斋藤：搞清楚其中的区别确实有点讨厌（笑）。您没有在作品
中呈现这些内容吗？

萩尾：我觉得画出来是不是有点阴沉。

斋藤：这么说倒也是。这么来看，您创作的性特征未分的少年爱，并不是想让他反抗来自母亲的权力控制，只是单纯为了呈现作品世界的伦理。

萩尾：我此刻想到的是赫尔曼·黑塞❶对我的影响。我在青春期读了黑塞的作品，感觉他很大程度上拯救了我的状态。

斋藤：可以详细说一下这种被拯救的感觉吗？

萩尾：《春之岚》❷（新潮文库，1950 年）这本书里，女主人公总是不务正业似的，她不会想很多具体的事情，比如如何组建家庭，或者踩缝纫机，而是沉浸在抽象的世界里，感慨"春天真美好，太美了！""音乐真美妙啊！"非常感性。我当时很惊讶，没想过这些事情也能写进文章里。而主人公却很认可，还当作人生意义，她这种活法让我大开眼界。因为我父母一向认为这些事情都是"无聊的"，但我内心也有这样的情感，不知道该如何安放。而且黑塞还用这样的文字获得了诺贝尔文学

---

❶ 赫尔曼·黑塞（Hermann Hesse，1877—1962），诗人、小说家、画家，作品包括《荒野狼》《流浪者之歌》等。他的作品游弋在理想与现实之间，被称为"德国浪漫派最后一位骑士"。

❷ 原文书名为 *Gertrud*，是黑塞的早期作品，中文译名有《盖特露德》和《生命之歌》两种。

奖。我读的时候会想，有一颗柔软的心，能发现春天的美真好啊。

斋藤：无论是《托马的心脏》❶（小学馆，1975 年），还是《11 月的寄宿男校》，可以说描写的都是很真实的世界。您创作的那种栩栩如生的画面是女子学校里不存在的事情，您会不会觉得这和对耽美世界的向往不贴切呢？

萩尾：画《11 月的寄宿男校》时，我本来想试着再画一本女子学校的版本，还想到了一个叫 Yuriku 的孩子穿着格子纹的半裙。画出来后，成了一个咋咋呼呼的女生，我觉得不行。

斋藤：是不知不觉画成了这样吗？

萩尾：我觉得还是男生的故事好画。我可以自由地画出我不了解的部分。

斋藤：您说的不了解的部分是很重要的地方吧，就是有意识去描绘很难共情的世界，但正是这一部分可以展开幻想。这才是纯粹创作作品的逻辑，可能在这里解读母女关系的影响容易出现过度解读。我有点不知分寸吧，不知分寸的男性总是会不断膨胀自己的妄想。比如我会想，"女性肯定是这么考虑的"，

---

❶ 《托马的心脏》是一部以德国的寄宿学校为舞台，描绘了少年们的爱与磨炼的作品。（原文注）

容易以偏概全。所以我也免不了刻板地下结论，"萩尾老师好像还是因为和母亲有矛盾，才创作了这些作品。这肯定就是Yaoi❶的根源""Yaoi 的原点在于母女关系啊"（笑）。

萩尾：哎，原来是这样啊（笑）。

斋藤：不是啦不是啦（笑）。萩尾老师和竹宫惠子❷老师都画出了被认为是"鼻祖"的作品，如果别人说这个起源不一定非得强行和母女关系联系在一起，您会不会感觉轻松一点呢？

萩尾：这个我还真有点不清楚，可以当作今后的课题。

斋藤：您给我指教了这么多，我还是没有一下子转过弯来，觉得和您描绘的世界还有很远的距离。其实简单来说，纯粹的幻想世界原本就存在。但我以后肯定不会再说，不是什么都要牵扯到情爱的部分啦（笑）。

萩尾：这不就挺好的吗（笑）。

斋藤：时间差不多了。今天真的和您聊了很多深刻的内容，非常感谢。

---

❶ Yaoi，日语原文「やおい」，由日文「山なし、オチなし、意味なし」（没有高潮、没有结尾、没有意义）的第一个音节组合而来。是以男男色情为题材的漫画和小说的俗称，通常指有描写性爱的作品。之后出现的 BL（Boy's Love）表达更普及。

❷ 竹宫惠子，生于 1950 年，日本漫画家，代表作有《风与木之诗》《奔向地球》，现任京都精华大学校长。

萩尾： 也感谢您。

追加 1： 2012 年 NHK 播放了电视剧《鬼太郎之妻》^❶，是以漫画家水木茂的自传为原型的。妈妈看了剧之后对我说，"我不知道你在做这样的工作（像水木茂那样的工作），真的是失敬。"这是一个小小的变化。（萩尾）

追加 2： 从那以后，妈妈对外人都会说，"我从来没有反对我女儿画漫画哦。"我说，"妈妈你反对过哦"，因为我不可能忘记以前。我问她"为什么要和别人说不一样的话？"她说"那些外人很可能听错了我说的话啊。"妈妈，果然是个谜一样的人。

❖ 对谈结束

我和萩尾老师生活在同一个时代，但她是"少女漫画之神"，是奇迹般的存在，我主动问出那么隐私的问题，真的好

---

❶ 《鬼太郎之妻》是漫画家水木茂的夫人武良布枝的自传作品，水木茂以漫画《鬼太郎》而闻名。作品描述了主人公夫妇通过相亲认识，一同度过艰难岁月的人生故事。2010 年由 NHK 制作为电视剧，由松下奈绪、向井理出演，是当年的热门剧。

吗？我不是没有反思，但我还是把这些宝贵的话——求职的学生说真正"宝贵的话"就是萩尾老师说的这些话——毫无保留地分享了出来。和萩尾老师相向而谈，我们聊到了她强势的母亲让她放弃漫画家的工作做一个普通人，但母亲最终还是认可了漫画这份"工作"，还因此宽慰不少。

萩尾老师从始至终都带着柔和的微笑，和我娓娓道来，而我却在萩尾老师作品的情爱世界里很自然地读出一份阴沉，可以称为"来自妈妈的压抑"。这和"来自爸爸的压抑"截然不同，后者一贯是各种禁止和割裂，但母亲的压抑也给作品带来了独特的创造性。对萩尾老师的作品我终究无法断言"正因为如此，您的作品才如此出彩"，但我想在今后继续思考这个问题。

临床现场的母亲和女儿

信田小夜子 × 斋藤环

信田小夜子，1946 年生于岐阜县，御茶水女子大学硕士课程修
业（儿童学方向）。现任原宿心理咨询中心所长，提供受酒精依
赖症、进食障碍、家暴等困扰的患者及其家人的心理咨询服务。
著作有《以爱情为名的控制》《妈妈的无法承受之重》《再见，母
亲》等。

❖ 共有身体感觉的母女

斋藤： 信田老师的著作《妈妈的无法承受之重》❶（春秋社，2008 年），没想到和我的书《母亲控制着女儿的人生》是同时期出版的。我们事先互相不知道，但这些书同时出版可以说是一种同步，可能也让人感受到时代的真实性。今天还请您多多关照。

信田老师从临床现场的观察来看，母女问题经历了怎样的时代变化呢？

信田： 我自己在 1996 年出版了《成人儿童物语》（AC❷）这本书。很多人知道 AC 这个词，都是意识到自己其实就是 AC 开始的，其中八成是女性。AC 本来是酒精依赖症患者家庭里经常使用的表达，典型的情况是爸爸有酒精依赖症，妈妈在身边，女儿也在，但问题的核心却不是大家和爸爸的关系。爸爸

---

❶ 《妈妈的无法承受之重》一书里，作者基于心理咨询的经验，揭示了女儿为母女关系苦恼的郁闷，以及解决问题的线索。本书为提示母子关系的病理而使用的象征性表达"守墓的女儿"，之后在社会上被广泛使用。（原文注）

❷ 即前文提及的 Adult Children。

酩酊大醉后多次出轨，因为赌博而欠下巨债，或者经常对家人施暴，这些事情很容易就能搞清楚是怎么回事，也能找出前因后果。可是从我一开始接触这类问题时，很多人就会说自己和妈妈的关系很糟糕。所以我那本书的基本框架是以这类女性为对象，记录了来了解 AC 亲子心理咨询的案例。

斋藤：这样来看，有 AC 问题的女性患者无一例外都有母女关系的问题吗？

信田：暂且这么下结论未尝不可。

斋藤：我虽然不意外，但还是有些吃惊。我理解的 AC 是没人能理解自己的需求，或者不清楚自己要负的责任，为什么会变成母女问题呢？

信田：简单来说，当她们一说到自己要负的责任时，就已经被母亲越权了。自己的需求啊，自己的责任等以前就存在的问题导致了自己和妈妈一体化的状态，或者说是没有分离的状态，从而陷入了痛苦吧。

所以说，绝大多数的母女问题都是女儿通过对妈妈的违和感、窒息感，还有偶尔的恐惧等感觉的出现而觉察到的。如果这些感觉没有直接诉诸反抗或愤怒，女儿的难受就会进一步加深。另一方面，母亲坚信自己所有的言行都是出于爱，所以她们察觉不到女儿的痛苦，于是就有了无意识的妈妈和为此痛苦的女儿。

斋藤： 我书里的一个主题是父子关系为何与母女关系截然不同，我感受最强烈的一点是具身性的问题。因为爸爸和儿子绝不会通过具身性而同一化。如果说他们有同一化的途径，可能是通过职业方面、伦理观或其他抽象事物而产生的，不会像母女那样发生身体上的同一化。母女之间身体的同一性的确部分导致了更严重的同一化。当然，社会性别的影响，以及各种各样的外部状况也顺水推舟地导致了同一化的状态，只是在我看来，影响最大的还是身体要素，您对这一点怎么看呢？

信田： 我觉得有两个关键点很有象征意义，一个是初潮，妈妈如何接受女儿第一次来月经这件事有非常大的意义，另一个是怀孕。初潮和怀孕在母女关系上有象征性的意义。我知道还有很多人会认为女生第一次来月经时绝对不要告诉妈妈，说了就会沾染非常肮脏的东西，或者第一个星期决不能对妈妈说。我一直不太明白，这样做是会折寿还是有什么禁忌呢？生理期到访女儿时，还是有太多妈妈没能好好回应。

斋藤： 这一点我没办法去实际感受，但我知道您说的不是普通月经，而是有着相当特殊地位的初潮。其实不如说这才是成人

式 ❶ 吧。

信田：简单来说，是妈妈无意识的厌恶感吧。

斋藤：厌恶感？

信田：女儿事先就察觉到妈妈讨厌女儿的初潮，所以才不说出来吧。

斋藤：就是说，才小学五、六年级的女儿能预感到母亲的厌恶感，具体来说，是不是母亲作为女性对女儿马上就能获得具有性特征的身体这一过程感到嫉妒？还是说厌恶感的根源另有出处？

信田：我觉得还是对自己作为女性的厌恶吧。

斋藤：母亲自己对女性这一性别有厌恶感？

信田：是的，我觉得是厌恶自己的女性性别。

斋藤：我在《母亲控制着女儿的人生》里也谈到了这一点，只是我很难理解实际感受。

信田：嗯，但实际上直面女性性别并不是愉快的事情。一点也不愉悦，至少我是这样。

斋藤：我可能要稍微偏离一下话题，我觉得对女性的教育、教养，其实一方面希望她们拥有让人有欲望的身体，另一方面又

---

❶ 日语原文为「イニシエーション」（initiation），本意是宗教仪式里的入会仪式，这里指性启蒙仪式。

希望她们放弃作为主体的欲望——也就是既想让她们温柔、有包容力，同时又让她们接受自己的欲望得不到回报，这种教育是一种很压抑的东西——两者自成一体，所以女性才会产生空虚感和抑郁感吧，您觉得呢？

信田：我特别讨厌这两点，既讨厌让人有欲望，也讨厌让我放弃欲望。

斋藤：但大多数女性就是这样的。

信田：是的，我也不觉得自己在这方面特殊。这一点在和同性见面时多多少少能直接感受到吧。比如女性之间可以相互感受到对方的"精心打扮"，会说"今天也打扮得好精致啊"，她们几乎每天都要用服装和说话语气呈现出别人眼里的女性期待。

斋藤：精心打扮的人之间就能相互理解。

信田：能理解的。

斋藤：是不是说，打扮这件事其实是一边厌女一边做出女性的样子呢。

信田：正是如此。因为即便厌女，自己身为女性是无法改变的事情，只能更女性化地打扮自己了吧。

斋藤：原来还涉及打扮啊。我在自己的书里也写到一点，说女性经常把女性的躯体穿在身上。

信田：是的是的。

斋藤：川上未映子 ❶ 在《脱掉衣服也脱不掉身体》这本书里反复提到了这一点。从男性的共情来说，还真的不能理解这个问题。

信田：那反过来说，男性如何觉察男性的身体呢？

斋藤：没有对身体的觉察。

信田：噢！没有吗？

斋藤：看来您不知道这一点。精神分析里，男性并不拥有自己的身体。换句话说，男性的身体是透明的，日常生活中基本意识不到自己的具身性。

信田：啊，原来是这样。是只意识到这里（指了指阴茎的部位）吗？

斋藤：也不是，不是只有这里。阴茎算是他者，能明显感受到，但除此之外就没有哪个部位有同样的感受了。此外，也没有关于其他具身性的意识。

信田：所以对自己三高严重的身体也能欣然接受啊（笑）。我在电车上经常看到一些身体肥硕，发量稀薄的男性大大方方地

---

❶ 川上未映子（1976—　　），日本小说家、歌手及演员。2008 年以《乳与卵》获得第 138 届芥川龙之介文学奖。

在公共场合伸开双脚睡大觉，没有一点难为情，原来是这么一回事啊。

斋藤：是啊，我觉得就是您说的这种情况。

信田：我的谜团解开了。

斋藤：对男性的教育里，本来就没有去在意身体的习惯。女孩子从小就会被说"要有女孩子的样子"，这句话包含着命令的成分，命令她们拥有更女性化的身体。我觉得大概就是"穿漂亮一点""你的身体要更能吸引男性"的意思，但男性没有受到这种教育。而且这种教育不是强制女性具体怎么做，而是让她们自己主动在意男性的眼光，进而想把身体打扮得漂亮一点，但也有女性不在乎这些，随便自己随心所欲。

信田：这么说起来男性的"受欢迎"是指什么呢？比如我们经常听到某些年轻男性是"大众款"或者"受欢迎"，这个和具身性有什么关联呢？

斋藤：我觉得男性只有女性化之后才能拥有身体。"辣妹男闺蜜"是说能和辣妹玩得很好的男性，但我认为某种意义上他们本来就是擅长社交的男性，自身有一部分是偏女性化的。其实男性根据相处的异性的不同，或者自己所属的社交圈子的不同，也会被规范必须在意自己的身体。所以有少数男性会过分在意自己的身体。

信田：那会不会活得轻松点呢？还是说活得更辛苦？更偏向哪一个方向？

斋藤：我觉得两者都有，就像青春期的小圈子里，有人极其会社交，有人却极其不会交际，呈现出两种极端。现在不是有个词叫校园层级制度❶吗，就是学校的教室里就有身份序列，大家似乎都一致认为，会交际的群体排名靠前，不会交际的群体排在后面。但其实排在前面的人也不敢掉以轻心，因为一不小心地位崩塌可能就会成为被欺凌的对象。

信田：自然而然的，女性为了排名靠前不得不加入自己的性特征。

斋藤：很多人认为，某种异性关系，或者和异性交往的能力，也是排名靠前的必要条件吧。

❖ 母亲想要重新活一次的愿望

斋藤：回到一开始的话题，刚刚我们提到，女性通过具身性获

---

❶ 日语原文是「スクールカースト」(school caste)，是日本借用了印度种姓制度，形容校园内难以撼动的阶级制度，通常依据社交能力和外貌等差异自然产生的序列。

得同一化的契机是初潮对吗？

信田：初潮，还有怀孕。我也有孩子，但我怀孕的时候妈妈问我："你要把孩子生下来吗？"

斋藤：别有深意的质问啊。

信田：是啊。上来就说"你要把孩子生下来吗？"那一刻我深刻领悟到，"原来如此，原来妈妈不想生孩子啊！"我还有个妹妹，妹妹生了三个孩子，妈妈还对她说，"为什么生三个孩子啊？"这些话和我们正在聊的内容联系上了。

斋藤：我觉得这是很重要的话题。"要把孩子生下来吗？"这句质问里很明显包含着一个意思："为什么要让自己受这个罪呢？"我的理解是，既有对女儿的嫉妒，也有母亲的一种心理，"你也尝尝我吃过的苦头吧"，您如何理解呢？

信田：要说我的理解，我觉得妈妈当时看我怀孕既"吓了一跳"，也想说"你不是说你不生孩子的吗？"至于这背后是嫉妒，还是心疼我要经历同样的辛苦，我就不是那么清楚了。

斋藤：说到这里，信田老师自己在母女关系上有没有很辛苦呢？

信田：嗯，我自己和妈妈没有很辛苦，我觉得我和女儿的关系也很合得来。不过这是我单方面的感受，女儿怎么想我就不知道了。

斋藤：但是，您在创作《妈妈的无法承受之重》的过程中看到了各种各样的问题构成吧，没有一个是符合您的情况的吗？

信田：是啊，没有。

斋藤：果然母女关系这个话题对信田老师您来说是他人之事啊。他人之事这个表达其实有点矛盾，作为女性您是当事人，但作为问题来说就是他人。

信田：按照这个分类的话，的确是他人之事。之所以能写这本书也是因为是他人之事，我才写得出来吧。

斋藤：但是，无论怎么说都是女性的身份，有一半还是带着当事人的性质吧。

信田：当然。我觉得这个工作在不断唤醒自己的经历。举例来说，通过女儿的人生重新活一次，这种想法我不是没有。最初生孩子的时候，我肯定会想男孩好还是女孩好，我自己倒是非常想生个女儿。我当时是剖腹产，但生产时意识是清醒的，我问"男孩还是女孩？"医生告诉我"是小王子哦"。我那一刻的感受是，"搞什么！"这个事情绝对不会和儿子说，他会很沮丧的（笑）。我对女儿抱有很多期望——希望她很有主见，聪明智慧，在男人中间自由穿梭、游刃有余，而且我也不想让她结婚，这些都是我的期待。

斋藤：您是完全撇开无名怨愤 ❶ 后才这么想的吗？

信田：不，是无名怨愤哦（笑）。我当然知道这本身挺糟糕的，但还是有凌驾于其上的渴望，或者说期待。

斋藤：想重新活一次的渴望是女性普遍能共情的事情吗？男性似乎不能产生共鸣。

信田：我完全没想过在儿子的人生中重新活一次。女儿嘛，我们的具身性——虽然我的年纪一年年变大，但年轻的时候有各种不得不去面对的具身性——有一致性，我会想我们是不是可以一起战斗。在这个意义上，女儿和我是战友，我很想把她培养成有个性的女生。

斋藤：但另一方面，有的妈妈也会在女儿成功后拖后腿，表现出嫉妒，想重来一次人生的渴望和嫉妒看上去是相互矛盾的，但我觉得本质是不是相同的呢？本质一样但衍生出了不同的思考方式，这是距离感的不同造成的，还是什么不同造成的呢？

----

❶ 日语原文「ルサンチマン」(ressentiment)，是尼采著作中的一个关键概念，被用于形容弱者对强者的憎恨心理，或因自卑、压抑而引起的一种愤慨。

信田：在于母亲有没有达到某种成就，或者有没有实现什么目标，我是这么认为的。如果基本没有成就，或者实现的目标很弱小，这种情况很可能扯女儿后腿。反过来，如果实现的成就达到了一定程度，比如最高程度是一米，能达到五十厘米的话，可能会一起战斗吧。我觉得和成就高度的不同有关。

斋藤：我想的和您相反。难道不是成就度低的人更想重来一次人生吗？

信田：我觉得不是这样。

斋藤：因为成就低才会产生嫉妒、想拖后腿的情绪啊。

信田：但是你看女演员的亲子关系，她们都是有成就的人，还是拖孩子后腿。还有一些女性纪实作家，女儿出书后，她们会滋啦滋啦把书撕破，但和我的感觉相反的情况也是有的。

斋藤：意思是虽然自己的成就高，但正因为高才嫉妒女儿。

信田：是的。这里的高是说更能看清楚未来，总之有自己的评判标准。正因如此，她们对女儿即将超过自己的成就感到了恐惧。

斋藤：会不会因为职业不同而不同呢？比如学术界的成就高度，演员行业的成就高度……

信田：是说和身体相关的职业，还是知识相关的职业吧。原来如此，那我觉得可能有关系。身体相关的职业可能更容易嫉妒，毕竟外形上清晰可见。

斋藤：包括年轻。

信田：白雪公主的妈妈就是这样。

斋藤：我想象的重新活一次，是说，"我做不到的就拜托给你了"。我已经走到了这一步，你也要走过来，还要超越我，是这回事吧？

信田：我觉得成立。不过我很早之前就对自己的女儿放弃了这个想法，现在想想真是太好了。

斋藤：能放下的关键是什么？

信田：女儿有其他的优点，或者说，她太可爱了。当然现在也很可爱。我这么坦诚地说出来好不好呀。

斋藤：哎呀，我今天请您来就是想听您聊这个话题。明白了，原来是在某个节点意识到了彼此的人生方向不一样。但是，这个意识是很难产生的吧。

信田：这里还有一点，我觉得我带了些男性视角，可能是我从男性角度在观察女儿。

斋藤：男性的视角？

信田：就是看女儿的时候，觉得"好有魅力，好漂亮好可爱的女生啊"。这样一来我就会想，"什么重新活一次，随便她好了。"就是说，我作为女性没能体会的事情，如果女儿体会到了，我不觉得自己会有多高兴。只要她没像我这样活得不自由，我觉得已经很好了。

斋藤：如果您有两个女儿的话会是什么情况呢？

信田：好为难的问题啊。

斋藤：那您就按一般情况来说。

信田：您戳到了尖锐的地方呢。我觉得两个女儿的话比较难处理，自己只有一个女儿，所以还好。

斋藤：还是会难办啊。

信田：来我们这里做咨询的来访者里，因为姐妹之间的矛盾，或者妈妈对姐妹和对自己的区别对待而过来的人数不胜数。

斋藤：有没有来访者是母女问题导致了姐妹之间的问题的？

信田：绝大多数的进食障碍就是这个原因。进食障碍案例的一半都是因为姐妹之间说不清道不明的纠缠和冲突，即便没有姐妹矛盾，妈妈对孩子明显的区别对待也是主要原因，有些当事人到了四五十岁都说还是如此。

斋藤：在某种意义上，进食障碍可能把母女问题高度浓缩成了一种容易外显的表达方式。再加上姐妹之间的问题，事情就更复杂、更难处理，治疗起来也很棘手。

信田：是很棘手。所以妈妈不知道该优先治疗已经明显表现出症状、性情暴躁的女儿，还是先把另一个女儿赶出家门让她自己住公寓，甚至有可能是自己在嫉妒女儿们。这是环老师也经常遇到的情况吧？

斋藤：这就涉及治疗的话题了，关于母女问题的治疗我想多说几句，不过她们基本上都是出现了症状后才来治疗的。

信田：我们是咨询机构，这方面有些不同。我们基本上不处理症状，这是基本原则，做的更多是处理心里的烦恼和困扰。

斋藤：就是不做诊断地去解决矛盾。

信田：是的。我们不是精神科医生，不做诊断，也不会使用症状这个词，当然也不开药。

斋藤：被母女问题困扰的案例里，通常是女儿来的情况更多，这时候您会建议对方邀请母亲一起来吗？

信田：有这样的情况。母女关系也好，进食障碍也好，需要介入的时候，我的确会建议对方带母亲一起来，但这样处理的案例并不多。因为女儿已经进入社会了，在公司上班，也一个人住公寓，如果只是听到当事人说母亲的影响很大，我们就让她邀请母亲来是不太现实的。还有些情况是女儿不希望母亲介入。

斋藤：原来如此。

信田：就是她们觉得让母亲来会感到抱歉，因为让母亲有了不好受的体验，自己会不好意思，从而加重负罪感，所以我们还是看本人的意愿。不过，基本没人希望母亲一起来。

斋藤：没有啊。

信田：没有。大概只有百分之五的人抱有虚幻的希望吧，会推测"妈妈可能变了吧"，这样的人占到百分之五。余下的百分之九十五都认为"不太行"。所以她们很害怕对母亲说"想邀请您一起来"，因为害怕被拒绝带来的伤害。

斋藤：对被拒绝这件事感到恐惧。

信田：对，就是恐惧。不过说实话，我真的希望母亲们能来咨询中心，能明白女儿们有多么痛苦，然后说一句，"原来，我的存在感这么强啊，我怎么做才好呢？"

❖ 男女对身体感觉的区别

斋藤：我在自己的书里介绍了高石浩一先生提出的"受虐式控制"这一概念，但很多情况下，女儿被这种控制束缚后，又因为对母亲的负罪感，反而很难迈出解决问题的第一步。

信田：绝大多数的情况都是"受虐式控制"吧，来我这里做咨询的也是一样。

斋藤：我稍微扯远一点，这个现象是不是相当有日本特色呢？

信田：有"阿阇世王情结"❶的原因吧，我觉得是这样。因为这个国家把妈妈的不幸当作勋章，这种倾向是明治时代之后出现的吧？还是说江户时代就有了？

斋藤：是啊，什么时候有的呢。法国有一位思想家叫伊丽莎白·巴丹德❷，她在书里说奉献型母亲，也就是所谓的"贤妻良母"的形象是在卢梭和弗洛伊德之后出现的。

信田：奉献和牺牲是同一个意思吗？

斋藤：在用负罪感束缚女儿的意义上，我觉得两者是一样的。

信田：明治时代之后都是牺牲型的妈妈吧，这些妈妈的能量真的了不起。

斋藤：是说控制力很强吧。我也觉得身边的确有这样的情况。

---

❶ 阿阇世王情结是说自我牺牲奉献型的母亲强行让孩子背负负罪感。是日本精神分析第一人古泽平作先生基于佛教说法提出的概念，之后被他的弟子小此木启吾先生推动发展。（原文注）

❷ 伊丽莎白·巴丹德（Elisabeth Badinter，1944—　），法国女性主义作家、历史学家，也是巴黎理工学院的哲学教授。2010 年因其著作《女人与母亲角色的冲突》而被法国《新闻杂志》评为当年法国最有影响力的知识分子。

信田：是啊。不是有首歌的歌词唱着，"妈妈夜里加班编织手套。"听到这句就忍不住流下眼泪的人，基本上都被束缚在"受虐式控制"里了。

斋藤：像野口英世❶这样的人最后还是出人头地了呢。

信田：田中角荣❷也一样。

斋藤：他们的母亲好像也没有和我们说的故事挂钩，就是间接意义上的重活一次。

信田：我觉得重新活一次是个相当现代的现象。相信这件事有可能实现也许是自我形成，或者说主体形成的一个手段吧。

斋藤：男性的话，无论如何都不会在下一代身上有重新活一次的想法，在自己的主体上过完一生就好了。如果说是特殊职业或者有家族制度的情况下，可能会有继承传统和家业的想法，但这和想重活一次是不同次元的事情。似乎女性才会用身体的形式来获取实际感受，这是遗传吗？还是一种生命的流动，为

---

❶ 野口英世的成功除了自己努力外，其母亲野口鹿的母爱也起到了重要作用。

❷ 田中角荣（1918—1993），日本政治家，日本第64、第65任首相。两岁时因患白喉发高烧，落下了口吃的后遗症。患有口吃的田中角荣抗拒与长辈说话，贫穷加上身体原因，致使年少的田中角荣十分自卑。母亲一直鼓励他克服口吃的毛病，在母亲的激励下，田中角荣通过演戏等方法改掉了口吃的毛病。

了在形式上代代相传呢？

信田：我举个例子，可能会说得有点直白。环医生有精子对吧，你有儿子后，儿子也有精子，但是你会觉得儿子的精子和自己的精子有关联吗？

斋藤：完全没有。

信田：对吧。我不知道其他女性是如何想的，但我和女儿都有卵子，有生理期，有乳房，我觉得这些非常直观的身体感受让我们产生了一种联系。您说是体感上的感受也不算错，生理痛就是一个很好的例子。女儿每次生理痛的时候，我能感受到同样的疼痛。这就是和儿子不一样的地方。

斋藤：果然还是具身性啊。

信田：就是具身性。

斋藤：是战友，也是同一化吧。

信田：是这样。

斋藤：的确，精子的关联度和卵子的关联度，可能截然不同。

信田：我突然想起来，男性有一点对我来说正是未解之谜。

斋藤：您是说什么事情。

信田：这件事我真的百思不得其解。男性为什么会把自己的女儿当作性幻想的对象呢？还有性虐待这种事情，我真的想不通。

斋藤： 反过来没有吗？就是母亲和儿子近亲乱伦这样的关系？

信田： 我一直觉得这样的故事一半都是虚构的。

斋藤： 哦？是虚构？

信田： 我觉得是。我们住的地方经常有人打电话来，绝大部分是骚扰电话。是性方面的骚扰电话的一种。

斋藤： 用咨询的手段来解决这类问题的情况的确很少，做比较也没用，不过经常听到的说法是日本的近亲乱伦多是母子关系，而欧美是父女关系。

信田： 我觉得完全不是这样。在日本，爸爸对女儿的性虐待也很常见啊。

斋藤： 我说的日本和欧美的比较是通俗说法，单纯说关系过度亲密的情况，确实在日本这样的父女关系也很多。

信田： 我真希望这个通俗说法什么时候能灭绝。性虐待都这么表面化了，女儿可是爸爸的精子和妈妈的卵子结合产生的啊，竟能成为性对象，这种脑回路是怎么产生的，我真是想不通。

斋藤： 精神科医生中井久夫说过这个事情，他说为什么近亲乱伦通常不容易发生，因为至亲有一样的体味，这种"亲密"的感觉会成为抑制力。但就像我们刚刚聊到的，男性完全没有身体上的联结，对女儿完全没有，对儿子也完全没有。因为全部都他者化了，才能看到和自己没有联系的异性吧。话说回来，信田老师看自己的女儿"很可爱"就夹杂了男性视角，我觉得是不是接近这种感觉呢？

信田：原来如此。

斋藤：所以男人看女儿就是和自己完全不同的年轻异性，这样更能解释通。

信田：但是，男性对自己的妻子没有他者的感觉吗？

斋藤：这个嘛……

信田：对女儿有他者的感觉，对妻子却没有他者的感觉，男人到底是什么样的生物啊。还是说对幻想❶是男人才有的东西，不知道和这个有没有关系。

斋藤：这个简单来说，被对幻想的理论紧紧约束的男性觉得雌性动物越年轻越好，颜值越高越好，和自己距离越远也越好。我觉得他们靠非常幼稚的理论活着。

---

❶ 对幻想，思想家吉本隆明提出的概念，指在家族和恋人之间共有的观念，存在于男女之间，带着对异性的幻想。（原文注）它与共同幻想、个人幻想一同构成人类的幻想领域。其中，对幻想指成立于一对男女之间的幻想，它无法还原成个人幻想或共同幻想。斋藤认为，对幻想的核心是异性恋霸权，这一机制也会连结到对家庭的渴望，所以对幻想的主体是男性。（译者补充）

信田：渐渐就和妻子形成一体了吧。

斋藤：我觉得最大的原因是妻子不再年轻了，在共同生活的意义上距离也近得不能再近，产生不了欲望了吧。但另一方面，普遍来说，日本家庭里母子关系非常紧密，父亲是被疏离的一方，我觉得这种疏离感多多少少也有影响。这种有疏离的家庭构造在日本和韩国是相通的。日韩另一个相通之处是夫妻之间没有性生活，这种事情似乎只存在于这两个国家。我觉得父亲被疏离的家庭结构和无性婚姻有很大的关系。

信田：被疏离的关系是不是有助于家庭氛围的和谐呢？似乎不是，比如家暴问题，在父亲被疏离的家庭里也很常见。

斋藤：不，会不会是因为被疏离了才家暴呢。

信田：啊，也有道理，因为被疏离了才施行家暴。我一直有一个假设，就是施行家暴的人是不是在施暴时感觉不到他者。

斋藤：我觉得完全是这样的。我了解到的都是孩子对父母的家庭内部暴力，但他们的解决办法常年不变。其实作为对策来说，让毫无关系的他人插手比较好，比如报警，离家出走，不采取这些方法，问题就得不到解决。只有在彼此间隔开距离，事情才会出现转机。

就单纯的家庭内部暴力的解决方法，我再多说一些，父母面对孩子时把自己当作他者来采取行动，我觉得这样比较好。什么意思呢，比如父母表态说"你下次再这样我就报警"，如果孩子还是继续做了，那就真的报警。大多数案例里，只需要一次就能奏效。不过这是针对孩子的情况，大人们的性质更恶劣，只做到这一步完全没用，但问题的构成还是一样的。大人孩子都有所属物的意识，儿子以为自己拥有妈妈，所以做出了暴力行为，丈夫虽然对妻子有距离感，但他觉得妻子属于自己的感觉强烈的时候，妻子一旦不听他的话，他就会翻脸施加暴力，会不会是这样呢？

信田：明明被疏离，又以为自己拥有对方，这真的是最差劲的本性了。

斋藤：我也觉得是最糟糕的。

❖ 女性与对幻想的黏性很低

信田：话说，环医生刚刚提到了妈妈和女儿近亲乱伦 ❶ 的要素，我对这个非常感兴趣，想听您就这一点多说一些。

---

❶ 此处可理解为"过分亲密"，或前文常用的"一卵性母女"。

斋藤：这就得先介绍法国的精神分析学家卡罗琳·埃里柴夫 ❶ 的学说做铺垫，不过也是我们刚才一直在聊的关于共有具身性的话题。母女之间更容易产生父子之间不可能存在的关系，在肉体上非常亲密的关系，比如彼此之间衣服换着穿。这是柏拉图式的感情，但用了近亲乱伦这种听起来矛盾的迂回表达，我觉得这种情况里，精神上的连接和肉体上的亲密基本是重合的。这在临床咨询上也会经常遇到。

信田：干涉女儿结婚的母亲就是这一类吧。

斋藤：与其说是干涉，不如说是想挑男方的毛病吧。

信田：比如对方打电话来找女儿，妈妈会说"不在家"，如果女儿瞒着妈妈偷偷地和对方交往，最后还带回家里，即便她当时笑眯眯的，事后还是会把男方的毛病全都记下来，质问女儿，"20分，你要和这种家伙结婚吗？"最后还是棒打鸳鸯。

斋藤：这种事情，女儿很难在对抗中胜利吧。而且，"浪漫爱" ❷ 这种事情一定会在母亲面前溃败的。

---

❶ 卡罗琳·埃里柴夫（Caroline Eliacheff, 1947—　），法国精神分析学家，儿科医生，著有《所以母亲和女儿难以相处》等作品。她认为，"由于母女是同性别，容易造就乱伦式关系。"

❷ 浪漫爱，诞生于近代欧美的性规范、性道德概念，认为爱与性与婚姻是三位一体的。在这种认知框架下，婚前性行为和不伦都属于越界行为。（原文注）

信田：您的意思是说，浪漫爱在沉重的母爱面前太无力了吧。您这句话说得太棒了。因为妈妈对浪漫爱失望透顶了。

斋藤：这里就能看出女性与对幻想的黏性之低了。

信田：我出生的时候正好是婴儿潮 ❶ 刚开始的时候，我们那代人就感觉像被浪漫爱集体洗脑了一样，对幻想的意识也很强烈。我觉得这背后是不是有什么阴谋。

斋藤：但，这不也是全世界共通的吗？

信田：啊，是这样吗。全世界都一样吗？

斋藤：说不好是不是这样，我只是模模糊糊这么觉得。

信田：为什么全世界都这样呢？

斋藤：是不是因为 "love & peace" 呢（笑）。

信田：那是 1968 年到 1970 年的时代。这样啊，原来如此。那个年代正是宏大叙事，或者说意识形态的鼎盛期，和浪漫爱完全能同时存在。

斋藤：还有反意识形态的对幻想。

信田：我们完完全全被骗了。

斋藤：不，也可能没有被骗，还是说您认为浪漫爱本身不好？

---

❶ 日本称为"团块世代"，指二战结束后出生于 1947—1949 年之间的人。

信田：啊，那本来就是不可能实现的东西，不是吗？

斋藤：苦苦去追求的话可能不现实吧，但正因为大家都被骗了，家庭才得以维系。

信田：把它想成维系近代家庭的一个装置，我就豁然开朗了。其实我们还在继续维护。

斋藤：我的观点是家庭是一种必要恶❶，或者应该有的东西，您如何认为呢？

信田：我和您观点一致。

斋藤：您好像有点欲言又止。

信田：我在工作中经常见到家暴和性侵的受害者，家人不得不接受受害是因为彼此是一家人。我想，对受害者来说，是不是有一个除家人之外的共同体存在会更好，他们更能在其中生存下去。

斋藤：的确如此。我每次说"家人"的时候，其实还包括能自己选择的家人。但大多数情况下血缘是最强有力的，说自己选择家人的人并没有那么多。这个其实是很难处理的问题吧，就是我们能选择和自己同频的人成为家人吗？

---

❶ 日语表达，意思是本不想做，但出于社会上的需要不得已去做的坏事。

信田：前段时间，我接受了一本杂志的采访，聊到中老年女性现在都在想什么事情，结果是希望"老公一定要死在自己前面"，还做了计划，"死了之后，我要一个人多活几年，为了那一天的到来，我现在必须要做些什么"。听到这个，我吓得倒吸一口凉气，大家对于对幻想的冷酷和寡情吓到我了。

斋藤：果然还是对老公绝望了吧。于是有一部分人转向了女儿的人生。

信田：说"自己一个人多活几年"的人，和女儿也没什么关系吧。倒是那些说"老后的事情考虑那么多干吗，反正有女儿在"的人，基本会投奔女儿。大家还是奔向了不同的方向。

斋藤：这种情况下，同年代的人能不能抱团养老呢，像家人那样的感觉。

信田：像家人一样，是说大家各自独立居住，彼此间经常往来，还是说共同拥有一个休息室❶（社交场所），可以在其中放松呢。那本杂志的主题是"交朋友的方法"（笑）。我真的大吃一惊。这不成了"归来还是少女"吗？我说你们还想再过一次青春期吗？

---

❶ 日语原文是ホワイエ，来自法语的 Foyer，原本指剧场的谈话间、休息室。

斋藤：但是这种事情不是很常见吗？

信田：是吗？男人也这样吗？

斋藤：完全不会。男性做不到。男人没有任何计划性，他们做不到区分这么清楚，否则也不会出现这么多蛰居族了。很少有父亲会考虑以后吧。

信田：我也这么觉得。父亲好像不怎么考虑以后的事情，他们觉得想多了都是做白日梦。

斋藤：是的。这里正是男女对虚幻的不同态度。

信田：是这样吗？这样的话，男人在退休那一刻不就会发愁"我从今天开始可怎么办啊"。

斋藤：很多男性就是这样啊。

信田：这样也能活得好好的，真不错啊。如果有来生，我希望下辈子也能投胎成男人。

斋藤：您现在这么想吗？

信田：是啊，反正都不用想以后的事情，总有人给我兜底。

斋藤：我觉得这不过是逃避罢了。

信田：但是也有地方可以逃啊，女性想逃都没地方可去。

斋藤：不，我觉得这里是有没有做好思想准备的区别。

信田：因为女性不得不做好思想准备吧，哪怕不想做思想准备。

斋藤： 因为经历了太多次不得不做好思想准备的事情，做思想准备的能力也跟着成长起来了。

信田： 如果把人造子宫植入男性体内，对你们说"你也能生孩子了"，你们能做好思想准备吗？

斋藤： 这个的话，真的是太难了，做不到。

❖ 生存这个圈套

斋藤： 正如我想，母女关系之难在于性别的交缠，也就是社会性别上的偏见。女性生存在对自己不利的社会环境里，母亲不得不把自己一路积累的生存智慧传递给女儿。比如母亲因为自己是女生没机会拿到好学历的话，就会对女儿的学历有着异乎寻常的执念。只是，这种教育方法有些偏执，反而给女儿增加了很多痛苦，也束缚了她们很多吧。父亲的立场呢，往往只教一些抽象的规范，在这种规范下，象征意义上的"弑父"很可能成为现实，但对妈妈的印象就停留在她总是一个人，"女人就是这样生活的"，这个概念不知不觉灌输给了女儿。先入为主的印象真的很难转变。

信田： 但妈妈自己也是一路熬过来的，也知道这不一定是最好的吧。

斋藤：当然了。这是关键问题。女性有时候不得不熬下来，但再怎么说这背后也有人生智慧，有时候必须教给女儿。只是，非公开的知识是不是可以赋予其公共性，用信息传播的方式去普及，而不是用执念的形式。

信田：女性都是好不容易熬到今天的，但她们原本不用熬啊。社会性别也好，制度上的问题也好，是女性承受了这些问题激起的波澜，不得不从中找到自己的生存方式。我觉得这其中既有她们在变形的社会中努力生存的一面，也有她们为了生存而姿势变形的一面。这些以公共的方式传播出来基本是不可能的，不是吗？

斋藤：不可能的一个理由在于，传播很容易流于歧视性的言论，比如对女性说"你是女性，做好你自己的事吧"。

信田：最终成为歧视的扩大再生产。

斋藤：所以妈妈教的所有东西，都像是不可言说的智慧。这里暗藏着"不可公开"的性质。要如何消解这种不能公开的抱怨和不满啊。假设有一个类似女性共同体的地方，可以在其中分享各种知识，是不是就能修正她们一些偏差的认知呢？很可惜，现在还没有这样的共同体。

信田：还有一点，就是知识的重要性。中老年女性们知道"可能被歧视"的危险性，就觉得没必要进行战斗了吧。

斋藤：是说上一代吗？

信田：是上一代人。我的感觉是她们的无知带来了歧视的扩大再生产。

斋藤：我觉得是她们身为女性，才孕育出了要不断发现女人味的扩大再生产，但您怎么看待所谓理想的女孩子的养育方法呢？也不能完全散漫放养吧，还是说有双重标准，就是对她们说，因为社会是这个样子的，所以你要在外面如何如何做。

信田：我眼前可不就浮现出妈妈表演双重标准的画面吗。

斋藤：表演啊，就是说对外表现出女性化的一面，在家完全随心所欲。

信田：然后一边深深厌恶自己的身份，一边说着"做女人真好"。

斋藤：当女儿看穿了自己对父母的感谢，还有父母的双重标准后，一部分因为感恩父母从而被父母控制，另一部分被父母的语言无意识地束缚着，两种情况都很难处理，但要我说有意识的可能更难。您觉得如何能回避这种棘手呢？

信田：我觉得还是努力远离母亲吧。就是说，如果女儿无论怎么做都觉得妈妈很可怜，无论怎么做都挥之不去这样想的思绪，这种情况下，只能尽量离母亲远远地生活下去了。就算父母去世了也没用，感情还是纠缠不清。因为母亲虽然入了土，她还是存在于我们的心里。

斋藤：精神科医生斋藤学❶写过一本书叫《内在的妈妈控制着一切——入侵我们的"母亲"很危险》(新讲社，1998 年)，书里就写到，即便母亲去世了，即便我们离开了母亲，内在的妈妈还会存在。看来真的是很难啊。这样来看，离开母亲身边自己生活真的有用吗？

信田：有用，我认为非常有用。还有一个方法就是去体会浪漫爱的些许美妙，找到一个人让自己忍不住感慨，"妈妈挺好的，但我现在也有你了"，然后生下自己的孩子。

斋藤：处对象，或者结婚不能轻松地消解这些情绪吗？

信田：我以前觉得可以轻松消解，但怎么都感觉像是批发店的货卸不完似的。妈妈的能量太强大了。比如自己怀孕后，妈妈会轻轻走到身边问，"孕反严重吗？"然后自己接着说，"我那

---

❶ 斋藤学（1941—　），日本精神科医生，1967 年毕业于庆应义塾大学医学系。著作有《依存症与家庭》《成年孩子与家庭》《写给"有毒父母"的孩子们》等。

时候啊，怀孕五个月就有胎动了。"好不容易形成的对幻想因为这些言行举止，因为妈妈的存在瞬间土崩瓦解。有的妈妈还会装成可怜的老人家，拉拢女儿的对象。

斋藤：浪漫爱果然不堪一击啊。

信田：是啊。应该也有警报装置吧，就像通知地震要来了一样。女儿能提前感知到"妈妈要过来了"，于是赶紧做些准备……我就是打一个比方。

斋藤：但我觉得，很多情况下女儿那一方不是也期待着妈妈的靠近吗？

信田：哎，是这样吗？与其说期待靠近，不如说这么想的话就可以稍微减轻自己心里的负罪感，是这个意思吧。

斋藤：为了区分清楚这一点，女儿也要学习很多东西，用知识来充实自己，这个很重要吧。

信田：环医生在自己的书里提到过，社会上的某种压抑消失了，母女问题才得以表面化。我对这一点非常认同。

斋藤：总有人说现在的社会太压抑了，于是有了母女问题，我认为刚好反过来，我想说的是，只有公共场合里明显的性别歧视消失后，母女关系之难才更容易外显。只有歧视不再存在于公共场合，生存技巧作为不可言说的智慧才会更有价值。所以，我觉得这个问题不是简单能解决的。

信田：我和您的看法完全一致。

斋藤：联系到刚才的话题，女性的生存意识，比如经历过战争时期的人，经历过强烈压制女性时代的人，生存意识会更强。无论是谁，都想把苦日子的经历说出来吧。经济高速增长时期也是如此，那些在竞争社会中奋力拼搏生存下来的人，也总想把一些过时的观念传递下来。

信田：但是，男人也有这一面吧。

斋藤：我觉得男人肯定有，但是男人不怎么表达出来。

信田：公司里可是经常能听到一些老掉牙的教育呢，"新职员怎么回事，我们当年可是如何如何"。

斋藤：公司里会有这种情况，但家里不会，因为都没被家人放在眼里。

信田：不会有人想着教给儿子吗？

斋藤：那只能自讨失败。儿子不会乖乖听着的，父亲如果喋喋不休地说这些，只会自讨没趣。在这个意义上，父子关系真是相当淡薄，因为彼此间有距离。但话说回来，母女关系里，女儿倒是能爽快地听妈妈说话，很让人意外。

信田：不过，生存艰难的状况相对缓和后，妈妈可能也就越来越少说这些过时的话了吧，状态也会变得轻盈一些。

斋藤：果真如此是最好的。或者说，生存意识之后会被自己带入老年生活，怎么说呢，就是不再用于育儿，而是变成自己老后想要去依靠女儿的架势。

信田：从生存意识这点来说，我觉得和母亲从事的工作也有关系。一直在社会上参与自己力所能及的工作，同时自己育儿的那种很能干的母亲，她们教给女儿的可能是比较残酷的建议。刚好我最近读了些这方面的文字，说母亲是职业女性的话，女儿终究很难到达她们的成就，这中间传递的力量真的是不得了。

斋藤：意思是妈妈的能量太大了？

信田：比如妈妈会对女儿说，我会把你托管在三家保育园哦，就算你发烧了我也要工作哦。

斋藤：原来如此。这对女儿来说还真是很压抑。

信田：我也觉得女儿肯定感觉很压抑。的确，身为女性感受到的压抑可能表面上看不到了，但玻璃天花板这个东西还是存在的，女性仍旧在这下面寻找各自的生存方式，如果只是改变了方式，沉重的负担却钻到了更隐蔽的地方，那妈妈和女儿的将来依然会引起我们的极大关注。

❖ 如何与无敌的妈妈对峙

斋藤：感觉差不多到了要做结论的时候，但我还想稍作补充。您会推荐很多种方法来缓和母女关系，比如做咨询，或者一起参加活动，但具体来说，您觉得哪种方式最能让女儿获得解脱？是不是先有自己的觉察最重要？

信田：环医生的书里已经写了，理解就是解决的起点。我自己也这么认为，不是说只去理解社会构造，而是去理解横亘在自己和妈妈之间的东西到底是什么，这些又是如何在历史中形成的，做到这一步可以说已经解决了七成。不过，日常的压力每次降临到身上的时候，比起形单影只，如果能多认识些和自己有相似经历的人，哪怕经历的过程不一样，或者那些束缚着过去的自己的念头又反复出现的时候，如果能有专业人士帮助调整自己的状态，都会一点点得到解决。我们做的是团体咨询，所以我们不说给来访者做治疗，会说提供帮助。

斋藤：还是有很多人被这样的问题困扰吧。

信田：很多，而且大家一说起来都很容易激动，一说起妈妈的事情就激动。表情满满是发泄完的快乐，看起来很清爽，像是来到这个世界后第一次得到释放。那一刻我总会想，"被这个问题困扰的人真的很多啊。"

斋藤：各个年龄段的人都有吗？

信田：三十多岁到六七十岁都有。

斋藤：还有七十多岁的啊。她们也一样感觉到解脱吗？

信田：那一瞬间是的。不过，之后还是会有跌下来的时候。

斋藤：所以要做好"即便如此"的心理准备，要想到理论上明白之后的问题。和妈妈的情绪联结过于紧密的话，就会遇到"道理都懂，可是……"的情况。如何才能跨过"道理都懂，可是……"这个问题呢？

信田：放下想赢过妈妈的执念，也可以把这种执念的二三成分给和自己有相同境遇的其他人，或者像我们这样的心理咨询师，然后用人数去对抗。我们到最后还是要以多胜少。

斋藤：用人数，取胜吗？

信田：用人数取胜。如果一对一绝对会失败。我也不知这样断言合不合适，但我觉得会输掉。因为妈妈即便外在弱势了，还是会"变强"。她的血压会升高，血糖也会升高，万一得了老年痴呆，不就变得更强了？妈妈，是无敌的存在。

斋藤：是很无敌啊。

信田：如果意识不到妈妈很无敌这件事，会很可怕哦，能意识到自己才是弱者的人其实很了不起。所以我很想告诉那些被母女关系困扰的母亲们，女儿和自己是不同的人，不是自己的左右手，我真的希望她们能明白这一点，哪怕一点点都很好。当女儿和自己拉开距离后，很多母亲好像都会大吃一惊，难以接受，其实她们完全可以对此心怀感激，说声谢谢。因为和自己隔开距离、离开自己身边的女儿，也给了她们回顾自己人生的机会。

斋藤：是这样。然后，我还有一个附加问题，是关于奶奶外婆和孙辈的。她们会不会因为做过妈妈而感受到养育孙辈的责任呢，您如何看待这种连锁反应？

信田：我们现在不是经常说"六个钱包"❶吗？就是我们有父母，父母又各自有父母，这是很可能存在的事情，我们这代人会遇到这样的情况。去参加同学会的时候，大家都在聊自己的孙辈，还聊孩子们的考试成绩什么的。

斋藤：对孙辈直截了当的控制恐怕没用吧？

---

❶ 六个钱包，家里只有一个孩子时，父母二人和祖父母四人共计六人会给孩子提供经济支援。指随着少子化现象的加剧，父母和祖父母为孩子购买昂贵物品的风气。（原文注）

信田：不会直截了当说出来，但外婆会给女儿施压，说什么
"你再不抓紧孩子的事情就来不及了"。

斋藤：看来还是外婆的控制力更强。

信田：奶奶一般会克制些，婆媳问题真的对日本女性施加了很
多压抑。之后一旦有机会，外婆这边就放开手脚了。

斋藤：这个确实是我的盲点。

信田：真的会大摇大摆、毫不顾忌地进入孩子的生活。而且
现在的年轻人不是普遍没有经济实力吗，长辈还会出买房子
的钱。

斋藤：在金钱上进行控制啊。

信田：是的是的。好像在说我给你出了钱哦，我可以插嘴你的
生活了哦，就这样控制了孙辈的人生。奶奶外婆的爱太沉重
了，我承受不起，我觉得早晚会有人这么说。

斋藤：是啊，那时候也只能来做咨询了吧。

信田：也可以来环医生这里。哎，要是能只做咨询就没问题也
好啊。

斋藤：对啊。不同代人的分歧越来越大，有烦恼的人也会越来
越多，希望有更多的人能够通过阅读我们的书受益。

❖ 对谈结束

　　信田老师是临床专家，也是研究母女问题的权威，我们之前有过好几次对谈的机会。这一次就社会性别和具身性的问题，她从身为女性，同时也身为母亲的立场上，给我们做了十分真诚的交流。或许是因为越来越多人共有这样的立场和问题意识，我们的交流不断深入，让我有了对谈能对所有人"立竿见影"的感觉。

　　尤其是"重新活一次"的愿望和嫉妒之间的关联，妈妈和女儿通过子宫和卵子连接在一起的感觉，女性在传递性别信息时的困难等问题上，信田老师给了我很多启发，这是我作为男性无论如何都察觉不到的地方。身为临床专家，信田老师还毫不保留地给了我们"敞开自己"的建议，我们从这里又展开了饶有兴致的交流。如果对谈有助于读者对比阅读本人的拙作和信田老师的大作《妈妈的无法承受之重》，我们将无比欣慰。

母女问题是时代的产物

水无田气流 × 斋藤环

水无田气流，1970 年生于神奈川县，修完早稻田大学大学院社会科学研究科博士后期课程后退学。现任立教大学社会学兼职讲师。❶ 著有《无赖化的女人们》《平成幸福论笔记》（以田中理惠子之名）、《女子会 2.0》（与他人合著）等。作为诗人著有《音速平和》（获得第十一届中原中也奖）、《Z 境》（获得第四十九届晚翠奖）等。

---

❶ 本书写作于 2014 年前，水无田气流于 2016 年起任国学院大学经济学部教授。

❖ 像星一徹那样的母亲

斋藤：水无田老师如何看待母女问题呢？

水无田：说起"弑母"这个主题，我一直觉得母子关系是日本社会的基础，或者说根基太深了，我们反而不容易看见这个问题的存在。我们一般用"房间里的大象"来形容问题很严重的事情，母女问题可不就是这样吗。

斋藤：是啊。奇妙的是，法国精神分析学家雅克·拉康❶在其著作《关于〈被窃的信〉的研讨班》❷里刚好也用了类似的说法。他提到女性身体的气场太强大了，以至于眼睛都看不见了，感觉像是家里面处处都有她的存在。

水无田：我刚从大学本科毕业的时候，妈妈在交通事故中去世了。对突然去世的人，我们肯定还无法接受他们死去的身体。所以，我也接受不了妈妈的尸体，反而觉得老家厨房里的器物啊，餐具的习惯性摆设，这些才是妈妈存在的地方。我记得那

❶ 雅克·拉康（Jacques Lacan，1901—1981），法国精神分析学大师，也是继弗洛伊德之后最具原创性的心理分析学家。

❷ 《被窃的信》是美国作家爱伦·坡写的短篇侦探小说，拉康就这篇小说举行了一次心理分析研讨会。

种强烈的反差当时让我十分震惊。

斋藤：水无田老师说过，您自己的亲子关系好像没有那么亲近是吗？

水无田：我妈妈的情况可能比较特殊吧，她以前是垒球教练，出生于大户人家，从小成长的环境里全都是女性。听传言说我本家六代全都生的女孩子，妈妈是姐妹三人，我外婆也是姐妹三人。妈妈小时候家里有保姆和用人，时不时有一两个女子学校的老师来家里寄宿……真的是很热闹的女人的家庭。我们一代代祖先的照片和肖像画都挂在本家——妈妈的老家，男人们看上去都很年轻。据说大多都是三十多岁的时候自然死亡了，所以外婆的照片和年轻男性的照片挂在一起，小孩子看了心里觉得很不可思议。真的是男人待不住的家庭啊。

斋藤：好厉害的家谱啊。

水无田：外婆是当地妇女会的副会长，她去世时，附近的女性从守夜到举行葬礼的三天时间里络绎不绝地来我家哭哭啼啼送别……真的是德高望重的一个人。但反过来，家里男性的存在感十分稀薄。比如，正月新年初釜 ❶ 的时候，壁龛的主柱前一

---

❶ 初釜，茶道用语，指新年的第一次茶会。

般是户主的座位，但实际上姨妈伯母们全都越级抢这个位子。而且，毕竟还是农户嘛，体力活啊电源的发电设置之类的还有很多其他事情，也都是女性做，连个男人的影子都见不着。

斋藤：真的是没有男人啊。农户家庭里这种母系家族也太罕见了吧。

水无田：是啊。不过生活在这样的家庭里，女孩子还是被规定不能去运动，妈妈就没能进入运动社团，所以她后来才想让自己的孩子尽情去运动吧。成了家庭主妇后，她去上了妈妈班的芭蕾课，也是那个时候开始了妈妈班的垒球学习。她是左撇子，在投球手位置上是很稀有的左手选手，于是有瞄准了全国大会的球队来邀请她，她就在两支球队里兼职。后来还在家附近的面向小学生的垒球队里做教练，我也近水楼台入了队。不过，我是那种一头扎进图书馆看书的孩子，妈妈对这点好像一直很担心。一想起妈妈，我瞬间就想到她让我做防守练习，打击轮胎来检查我的击球姿势，睡觉前还让我挥舞灌满了沙子的啤酒瓶来锻炼臂力……我读小学的时候，体育成绩表出现过"C"，妈妈问我具体哪一项不行，我回答"单杠很差"，结果几天后我从学校放学回来，就看到自己房间里放了单杠……当然了，那之后我就逃不掉接受翻转上杠的特训，落入了走投无路的境地（笑）。

斋藤：这比生疏的父子关系更高压啊。

水无田：是的。每次一说起和妈妈的往事，别人就会说，"很像星一徹❶啊！"

斋藤：还真是如出一辙。那您有没有感觉到妈妈想重新活一次的渴望，或者说对您隐秘的控制欲呢？

水无田：怎么说呢，妈妈是女子短期大学家政部毕业的，她做所有家务都很有技巧，可能是这个原因吧，我并没感觉到她在其中注入了对我们的爱之类的。细想来，妈妈的头脑应该是偏理科的吧，其实家政也有需要理科思维的地方，比如做饭这件事，妈妈会思路清晰地从渗透压的关联开始和我们讲解，可能这也是她被学校老师的工作吸引的原因吧。实际上她很擅长条理清晰地解释事情。不过，她是大户人家的大小姐，家里会觉得"你要是做了老师，就嫁不了好人家"，反对她做老师。妈妈是家里的老二，不需要继承家业，以后是要嫁人的。其实她身上的几个特点，运动出色，体力好，读书成绩也好，又擅长讲东西……的确适合做学校老师。

---

❶ 星一徹是日本棒球漫画《巨人之星》里主人公星飞雄马的父亲，主人公在父亲斯巴达式的高压棒球英才教育下成长。

后来，姨妈（大女儿）的老公入赘我们家，妈妈就很难继续在家里待下去，二十四岁那年相亲结婚了。当时那个年代，大家还普遍认为过了二十五岁的女人就成了"圣诞蛋糕"❶。

斋藤： "卖剩下的"，当时有这个说法呢。

水无田： 妈妈出生的年代比婴儿潮还早，但那个年代她就在短期大学拿到了家庭科的教师资格证，毕业后回老家还上了一整套新娘培训课程，学了西式和日式缝纫，还上了料理学校，学了里千家的茶道，考了池坊流的花道证书。结果却培养出了我这种什么都不会的女儿，我有时真的感到抱歉……

斋藤： 哪有哪有。不过，正因为母亲有一些男性气质，您才没有感觉到阴郁或者压抑的氛围吧。

水无田： 倒是没有感觉到阴郁，只是单纯觉得可怕。因为几乎每天都要和妈妈练习打垒球，有一点点偷懒她就会生气地吼我，"给我集中注意力！"她经常对我说，不仅要提高球技，还必须明白自己在团队中的作用。所以我脑海中经常同时想着比赛的整体流程和自己在团队中的作用。每次一到比赛前或者

---

❶ 在日本，过了 12 月 25 日的圣诞节蛋糕会半价特卖，甚至卖不掉，所以当时二十五岁还没结婚的女性就会被戏称为"圣诞蛋糕"，揶揄她们是卖不出去的过气甜点。

运动会之前，她就对我进行集中训练，早上早早被叫醒，晨跑，她在前面骑自行车我在后面追。不过也是因为这些经历，我的体力和韧性都得到了锻炼，只是练习真的太可怕了。我读小学的时候是书虫，有时读书读到一半，很想接着读完，我就逃体育练习，在衣柜里拿手电筒打着光继续读，听到妈妈靠近的脚步声，我就吓得全身发抖，"啊啊，太恐怖了"（笑）。

斋藤： 但是，妈妈说的不是"保持步调一致！"而是"集中注意力！"从这点来看，她可能有意识地和根性主义 ❶ 还有集体主义保持了距离。在母亲看来，读书不对吗？她觉得书本没有价值？

水无田： 也不是，我的生日礼物基本都是我想读的书，我说想要画册的时候，她也会给我买齐不同种类的好几本，只要我说想买书，她都毫不吝啬地为我花这方面的钱。所以读书这件事本身，她还是支持的，只是……可能因为我只会读书吧。

斋藤： 对你的学习管得多吗？学习和运动，是不是运动更重要？

水无田： 两个都管。这么说起来，我仔细一回想，她对我的学

---

❶ 日语原文为「根性主義」，等同于英文的 die-hard spirit, never-give-up spirit，指永不屈服永不放弃的精神，强调"坚持、努力、毅力、不放弃"。

习也抓得很紧。

斋藤： 是因为她自己有教师资格证吗？

水无田： 反正她对女儿教育的方方面面都管得很上心。比如听写汉字的时候，她会让我"把这一页的汉字连续写十遍，写完才行！"平时抓我的学习也像准备运动会的特训一样……敷衍她是没用的，我只能认认真真学习，老老实实练习。不管什么事情，她很讨厌别人马虎应付。说回刚才的话题，我不是躲在衣柜里看书嘛，然后妈妈正准备打开衣柜的时候，我拼了死命堵着门不让她打开，结果她把推拉门一下子推掉了，直接倒在地上，然后对我吼"快去做练习！"

斋藤： 真的和星一徹一模一样啊。

水无田： 就是这种感觉，于是我一边做练习一边哭得稀里哗啦。我总觉得她和别人家的母亲多少有点不一样。比如我和朋友一起玩，朋友脸上稍微受了点伤，朋友的母亲会想，"哎呀，女孩子的脸受伤可怎么办"，还会很担心地问"没事吧？没事吧？"我当时很震撼，印象太深了。因为我做防守练习没接好球，摔了一跤擦破了好大一块皮，回到家妈妈却对我说，"这点伤，不用管也能好，但你在比赛中丢的分已经拿不回来了！给我好好站着！"

妈妈去世的时候，我真的很难过，但同时也感觉到有一种恐惧的东西消失了。可能有什么东西裂开了吧。这就是我对妈妈的回忆，所以看《梦幻之地》❶这部电影时，有一个场景是主人公过世的父亲最后一次和他沉默着练习投球，看到这一幕，我的眼泪止不住地流。

斋藤：那部电影能让有泪不轻弹的男人都落泪。原来如此，妈妈和女儿因为防守练习结下了恩怨，这种关系真的很像男性之间的关系，比生疏的父子还要更猛烈。

水无田：是啊。我读高中的时候，父亲单身赴任去了札幌一段时间。我爸爸基本是个工作机器。

斋藤：可以说父亲缺席？

水无田：差不多是这样。妈妈算是既当妈又当爹。

斋藤：原来是这样。女儿脸上受了伤，感觉大多数母亲都会反应强烈，毕竟想让女儿拥有被好好呵护的具身性，这也是对女孩子独有的养育或者说教育吧，妈妈们有意无意都这样做，

---

❶ 《梦幻之地》（*Field of Dreams*）是一部 1989 年的美国电影，主人公是青少年时期与父亲不和、无法完成棒球梦想的农场主人，有一天他听到神秘的声音说，"你盖好了，他就会来。"于是他着了魔一样铲平了自己的玉米田盖了一座棒球场，没想到他的棒球偶像真的来到这里打球，还因此使他和父亲的心结得以解开。

但您母亲似乎没有这样。她好像对你没有太多循规蹈矩的教育吧。

水无田： 现在回想起来，她没有教过我如何变美，如何让我被别人爱之类的，连"你可是个女孩子"这样的话都没说过。

斋藤： 就是吧，我就推测她会这样。

水无田： 她倒是严厉地和我说过"你这样做太没规矩了"，因为她学习茶道和花道，对开门关门的动静，如何拿起放下筷子这些细节特别挑剔，但我印象中她没对我说过"你可是个女孩子"这样的话。你说她是女性主义者，或者她有性别理论做指导，我也不这么认为。仔细想来，不过是她老家有很天然的环境，人人都可以做自己，女性也都被平等对待，在这方面没有缺陷。

斋藤： 她说你没规矩，并不是因为你是女孩子，而是她对男孩子也有同样的要求。

水无田： 和武士对自己的自律差不多。我本家好像确实是会津藩 ❶ 的武士之家，我听说奶奶上面那一代女性，平时还手握

---

❶ 会津藩为日本古陆奥国会津郡，范围包含了现在的福岛县西部会津地区。当时的藩厅为会津若松城。

薙刀 ❶ 呢。

斋藤：其实武士的习俗在江户时代已经渐渐弱化了很多，但会津地区据说是最后一个保留着这种习俗的藩。

水无田：与其说是顽固不化，好像"不行就是不行" ❷ 的意思更强。

斋藤：原来如此。这样来看，其实您的一些真实感受不会瞬间联想到母女问题。

水无田：反过来学校和社会里对"女性该如何"与"人该如何"的区别倒是特别大……我想这才是我研究社会学的原点吧。

❖ 日本的妈妈发挥的作用太大了

水无田：我这里要正式说明一下，就是当我们试图做各种社会议题的比较探讨时，一定会遇到两个问题，一个是日本社会根

---

❶ 薙刀是古代日本武将使用的一种长柄重型兵器，形状类似中国关刀，被应用于战场打斗杀敌。之后武家女性均需学习薙刀术，薙刀因而被改造得较轻量化。

❷ 日语原文「ならぬことはならぬものです」，是会津地区经常听到的一句话，也是会津人教育孩子的家训"什の掟"的最后一条。

基里母性的意义过于强大，还有一个是日本的家庭不是以夫妻关系为基础的，而是过度重视亲子关系。

斋藤：《女子会2.0》❶（《Dilemma+》编辑部编，NHK出版，2013年）这本书的基本逻辑就是"男人应该被女人宠爱"，这个倾向有一段时间……不，可以说直到现在也非常盛行。

水无田：战后50年代的舆论倾向于称赞宠爱男性的女性，一直到90年代中期，又开始流行治愈系女性。前者有战败的背景，后者有泡沫经济后经济意义上战败的背景。日本男性一旦心里有阴影，就会转向女性或者母性撒娇，也会过度索求治愈，所以男女之间很难建立起伴侣关系。如果任由其发展，很可能回到亲子关系，尤其是母子关系的状态里。于是，顺从的妻子成了理想典范，就像战前女儿服从父亲那样，战后又开始夸赞宠爱老公的妻子，就像妈妈宠爱孩子那样。

　　然而，关于文化群体最保守的部分就体现在和家庭有关的论调，育儿论的倾向尤为强烈。我自己也养过孩子，觉得这些

---

❶ 《女子会2.0》这本书里，水无田气流、千田有纪、石崎裕子、西森路代、白河桃子、古市宪寿六人以座谈会和论述考察的方式分析了婚姻观的变化及细分化的女性的生活方式。水无田女士在论述考察的《玉之舆幻想》和《理想之妻》中，结合时代状况带来的婚姻观和夫妻观的变化，解读了社会允许"宠爱男性"风气崛起的背景。（原文注）

看法非常保守，于是对这方面相对留意，也对育儿论做过国际比较。然后我发现在发达国家里，日本在养育孩子方面果然最费功夫也最花时间。还有种感觉是以母亲为中心，"希望爸爸能搭把手"，父亲只起辅助作用，只是帮忙的程度，这点十分突兀。

我好奇其他国家的情况是什么样的，查了查发现基督教文化圈与日本有显著差异。在这些国家，夫妻关系无论什么情况下都是家庭的基础。美国有一本育儿书写过，孩子出生后，妈妈应该最先做什么？说应该先把孩子放下，和丈夫好好说一会儿话。如果夫妻没有建立有孩子后的新关系，很快开始围着孩子转，从而就会变成以孩子的生活为中心。

斋藤：我觉得这是很重要的思路，可以避免孩子出生后夫妻失去性生活，导致伴侣关系崩塌，或者一点点走向母子过度亲密的关系。

水无田：书里还说，其次重要的事情是让孩子明白，你虽然是家庭中不可替代的一员，但你不是家里的国王。

斋藤：这一点很重要。毕竟孩子早晚都要离开父母，可以把他们当作"过客"。

水无田：所以，书里严禁父母哄睡和陪孩子睡觉。考虑到哄睡的时间，日本的育儿方式真的可以说是母子过度亲密了，其实国外的父母好像根本没有哄睡的概念。

斋藤：原来是这样。

水无田：是的，他们没有。他们反而会奇怪，"为什么孩子睡着之前，一定要陪着呢？"

斋藤：那他们怎么处理孩子一直哭的情况呢？

水无田：就把孩子关在房间里，直到不哭。

斋藤：放着不管啊，好像他们也会在孩子房间放无线通话器。

水无田：是的。不好说哪个方法好哪个方法不好，但大多数父母都绝不陪睡。而且，一边喂奶一边哄睡在他们看来也是匪夷所思。

斋藤：匪夷所思啊，就是夫妻还是自己二人睡，让孩子在另一个房间睡。

水无田：是这样。很多说法都倾向于认为这种身体分离，有助于强调夫妻关系和亲子关系的不同。

斋藤：孩子夜里哭也不起来看吗？然后又是谁起来去照顾孩子呢？

水无田：有的育儿书里建议可以抱着孩子反复站起蹲下，直到孩子睡觉，也有一些极端的育儿书里说家长可以狠心不管，直到孩子哭累了自己睡着。

不过，我觉得和日本的育儿书最大的一点不同在于，国外的育儿书提及了家长与社会的关系。举个例子，如果家长和代孕母亲发生了矛盾，该如何找到好的律师。美国育儿书的内容已经写到这一步了。

斋藤：伊丽莎白·巴丹德在《附加的爱》^❶（铃木晶译，Sanrio，1981 年）这本书里还揭穿了母性神话的虚伪。她说在 18 世纪的巴黎，孩子出生后基本都被送回老家抚养，生母自己育儿的比例只有百分之五。所以根本不存在什么母性本能这样的说法，总之一句话，她认为这是卢梭和弗洛伊德干的坏事。从这点来看，即使在欧美社会，母性神话在一定程度上还是有影响力的，对女性也有贤妻良母的要求，但如今一点点发生了变化，让人感觉以夫妻为单位共同育儿的观念开始发挥力量。他们是不是已经过了对母亲的责任指手画脚的阶段呢？

水无田：不，我感觉母亲的责任现在更重了，只不过他们不是日本这样，"母亲一个人承受了所有负担和责任"。我读了有关育儿论的国际比较论文后，发现欧美研究者对日本的育儿论持

---

❶　原文书名为 "L'Amour en plus"。

批判态度，认为"女性形象过于保守"，欧美女性的负担相较于日本轻松一些。但这不是说责任轻松，而是因为父母双方要同时承担育儿的责任。正因为如此，欧美国家对没有尽到育儿责任的父母，会强行剥夺他们做父母的权利。我对众说纷纭的育儿论进行比较后，觉得日本与其他发达国家最大的不同在于"育儿的社会性"这方面。

在日本，育儿之所以没能在社会方面取得进展，最大的原因是母亲在育儿方面承受着"负担、责任、爱三位一体"的压力。关于怀孕、生产相关的说法就是如此，比如对顺产的坚持，剖腹产或者无痛分娩这种"不经历疼痛生孩子"的方法，很多人都觉得不对。以及，母乳比配方奶粉更好，最理想的是纯母乳喂养。孕期和哺乳期为了孩子要尽量吃"以蔬菜为主的和食"，避开刺激性强的咖喱或者油腻的西餐和中国菜……读了育儿书里的这些内容后，我真是忍不住吐槽，那印度、欧美和中国的妈妈们怎么办（笑）。

斋藤：认为无痛分娩是一项禁忌真的有问题。这里面有自然分娩崇拜的问题，也有妇产科和麻醉科的合作不到位等医疗系统的问题。

水无田：是的。我自己生完孩子后对这方面多了些了解，真的是相当震惊。当然，医疗系统本身的问题就很大，除此之外，大家觉得尿布比纸尿裤更好用，还说根据气温的冷热变化，每次用尿布的张数也要相应调整，哄睡也要每天晚上进行……总之，日本"理想的生产与育儿"是以母亲全面掏空自己的身体和时间为代价的，付出疼痛、苦闷、精力，还要爱孩子、承担责任。如果母亲没有足够的时间、金钱，以及耐心，做到这些太难了，要是有工作就更不可能了。大多数母亲很容易被这些说法影响，从而负面评价自己的育儿效果。其实她们心里也明白做不到，但还是会追求理想妈妈的形象。

另一方面，做得好的母亲又会自然而然地想，"我为你承受了这么多的疼痛和苦闷，付出了这么多精力，你以后可不能不管我啊。"于是无形之中给孩子施加了很大的压力。但这种理想的育儿论是很晚才形成的，绝不是"传统的育儿论"。

日本直到江户时代末期，九成人都从事农渔业，明治维新后在殖产兴业政策的影响下，未婚女性开始进入轻工业领域——这也是《女工哀史》（细井和喜藏著，改造社，1925年）里描述过的。但本质上日本还保留着农业国的性质，直到战后经济高速增长时期才开始发生巨大变化。

　　说到农村的家庭社会学，有贺喜左卫门 ❶ 做过相关研究，他的研究大体以农村的共同体、亲族共同体为对象。根据他的研究结果，如果本家是地主家庭的话，身边的远亲会以佃农的身份住在附近，以家庭为单位进行劳动生产和再生产，所以家务、育儿、照护这些都会包含在内。媳妇对农业生产来说也是宝贵的劳动力，照顾孩子的事情就交给了已经从农事生产中退休的老年人，或者是年龄大一点的孩子，不会让媳妇完全承担育儿这件事情。

　　日本女性的地位在经济高速增长时期大幅上升，或者说至少从繁重的农业劳作和家族生意中得到了解放，这些都让她们切身感受到阶层的上升。但是，育儿的重压也在这个过程中一下子压了下来，从孩子的人格培养到学习成绩的监督，全都让女性承担了，所以女性在育儿方面要做的事情不如说是更多了。

　　虽然有点繁复，但我还是要强调，这种情况真的是近代才出现的。前段时间，我在一个有关虐待儿童的研讨会上也简单说了这些观点，有的母亲当场就情绪激动地哭了出来，我能深

---

❶ 有贺喜左卫门（1897—1979），日本社会学家，奠定了农村社会学的理论基础。

深感受到她们的压力有多沉重……

❖ 母亲的孤立无援

斋藤：博客和论坛里经常能看到一些发言，说育儿母亲的孤立无援有多严重。但我觉得，这些妈妈如果真的去找的话，其实有很多公共服务可以使用，可她们好像不知道似的，把自己逼到了困境里。日本当前的情况是，丈夫还没有充分地参与，或者就像大家经常讨论的，年轻一代反而更加保守了？

水无田：找到合适的公共服务本来就很难吧。比如孩子还小的时候会经常生病，发烧，或者即便打了疫苗还是出疹子、患上腮腺炎等。孩子本来就是一边生病一边长大的，而且，近代家庭的一个特征在于，不同家庭之间的关系被隐私和亲密性阻隔了，这就导致每个家庭在地方社区当中被孤立了，因为家里的事情而寻求帮助变得难为情，依靠近邻也成了很难做到的事情，可能会带来精神压力吧。

　　这的确是很现实的问题，如果问妈妈，孩子发烧的时候可以找谁帮忙，答案可以多选，但百分之七十都说靠自己妈妈，百分之四十说找婆婆帮忙，只有少数的百分之二十说找公共保育园或者能照顾生病儿童的保育园，这里就能看出家庭内部的互助，尤其是自己妈妈的帮忙有多重要。

提起妈妈的孤立无援这个问题，原因也是多方面的。我现在加入了一个提供育儿支持的非营利组织，与其说我是出于社会学的兴趣加入，其实更纯粹是想多认识些附近的妈妈们，意外地收获很多。因为我自己的母亲去世了，婆婆有慢性基础病，我也没办法频繁依赖她帮忙照顾孩子。当育儿资源有限，孩子又年幼时，我真的很需要社区的育儿信息。我出于这样的考虑加入后，才知道里面都是小城市出身的人。我和一些会员聊了聊，发现利用公共交通能在一个半小时内回到娘家的，竟然一个也没有。所以加入组织的，往往都是没有社区交际的人，以及在当地没有亲戚的人。

刚刚聊到明明有很多社会资源，为什么还是有那么多人不用，其实能加入组织的都是学历较高的女性，她们能在网上查到信息，或者在外地办事处和图书馆读到宣传册，基本上都有本科学历。我还问了她们之前从事的职业，都做的是很不错的工作，但很多人实在没办法继续工作下去，才辞职的。

斋藤：是因为育儿辞职的吗？

水无田：是的。很大一个原因就是老家不在附近。我所在的非营利组织里，会员们主要住在三鹰市、武藏野市，但这一带区域的育儿设施，尤其是公立保育园相当短缺，即便妈妈们想继续工作也束手无策。

而且，这些妈妈都是做事极其认真的人，她们会有一个十分明显的倾向，不用像之前那样每天工作后，她们就会全身心转向育儿，过度投入精力。举个例子，有的妈妈每天喂奶前后都会称孩子的体重，看增重了没有，还记录下变化的克数，到了走火入魔的程度。我还加入过一个育儿社团，里面的氛围像比成绩似的，简直让我待不下去，大家的孩子都在上幼儿园，也是同一个年龄段的，彼此之间变成了竞争关系，真的让人窒息。

我加入的提供育儿支持的非营利组织里，妈妈的年龄跨度很大，孩子从刚出生到读大学的都有，利益关系相对薄弱，所以大家做各自力所能及的事情就好，如果家里的孩子还小，也不用勉强自己来参加活动，这种氛围就让人觉得很轻松。我觉得正是因为这种自在，这个组织才能一直坚持到现在吧。

不过，妈妈能自己在网上搜索信息，或者在图书馆和市政府摆放的资料里找到需要的信息后加入组织，已经算很好了。我之前读过一个关于"大阪丢弃二孩事件"❶的纪实报道，2013 年春天出的判决，当事人母亲明明那么无助，而且她在夜店上班，有人给她介绍了托管孩子的地方，她还是没办法托管。哪怕有公共资源介入，自己的日常生活已经有太多负担了，最后还是没办法承受吧。所以我一定程度上明白为什么即使有这么多社会资源，有些母亲还是没办法好好利用。当她们连这些资源都没办法好好用的时候，我们真的需要看到她们无助的状况，去进一步深入了解。真正需要公共支援的人，却没能获得支援，我觉得这是一个很严峻的问题。

斋藤： 明明知道有公共资源，但不想用，这种心理也很强烈吧。我举个不恰当的例子，有点像流浪汉问题，因为大家讨厌很多申请支援的条条框框，反而不想接受援助了。

水无田： 可能内心深处她们也觉得自己不是表现完美的妈妈吧。比如那些不得不从事夜间色情服务的妈妈。

斋藤： 水无田老师加入的非营利组织里有没有太妹❷类型的妈妈？

---

❶ 大阪丢弃二孩事件是 2010 年发生的社会事件，在大阪市风俗店工作的 23 岁单身妈妈把 3 岁和 1 岁的两个孩子丢在家里，最后饿死。（原文注）
❷ 日语原文为「ヤンキー」，来自英文的 Yankee，指不务正业的不良少女，也广泛指性情暴躁，抽烟爆粗口，放荡不羁的女性。

水无田：没有哎。这么说起来，确实没有。

斋藤：其实有也没关系对吧。

水无田：我觉得没关系。不如说，我觉得有太妹气质的妈妈在都没关系。不过，有这种气质的人会成立她们自己的组织吧。要是她们加入我们中间，很可能会遇到话不投机的问题。

斋藤：但是，这个群体从人数上来说应该很多吧。

水无田：是的，从数量上来看很多。我再多说几句，现在生产育儿的年龄呈现两极分化。从统计出生率的年龄阶段来看，低年龄段·低学历和高年龄段·高学历是两个高峰。如今女性的平均初婚年龄是二十九岁，本科学历女性的初婚年龄是三十一岁，很早之前开始她们就被称为除夕夜的钟声，而不是圣诞夜蛋糕了。

斋藤：原来是这样，日本这方面还真的是两极分化啊。

水无田：遗憾的是，能充分获取这些相关的社会资源信息，还能灵活使用的人很可能只有后者，就是高年龄段·高学历的群体。

斋藤：但是太妹类型的妈妈群体应该有属于自己的组织力量可以依靠吧。

水无田：我以前是这么以为的，但读了大阪丢弃二孩事件的报道后，发现这个案例里，夫妻离婚时召开了家庭会议，谈好了当事人以后不要依赖家人，不能借钱，要靠自己养育孩子等条款，并且都写在了书面承诺里，判决时要求"尽量判重刑"的也是亲人甚至是至亲。

斋藤：她们一旦被驱逐出去就只有面对残酷的环境了。

水无田：啊，是这样，是说被驱逐出正常的人生吗？

斋藤：中井久夫 ❶ 写过这一点，说儒教文化圈的一个特征是大家先抱团到最后一刻。无论发生什么，都会先相互支持到极限，可一旦有人越界，只能无情地把他们分离出去。

水无田：原来如此，就是划清界限。

斋藤：有的社区的驱逐阈值低一些，有的会高一些，可一旦被驱逐出去，都是一样的残酷。有点像村八分 ❷ 的感觉。

水无田：啊，我懂了。农村社会就是村八分。

斋藤：同感。

水无田：把孩子放在保育园托管的妈妈也呈现两极分化，一头是所谓精英的职业女性，另一头是太妹类型的妈妈群体。我所

---

❶ 中井久夫（1934—2022），日本精神医学权威，1969 年提出风景构成法。

❷ 村八分是指从江户时代开始流传的一种"共同绝交"的方式，古代的日本以农业社会为主，村庄里的互助十分重要。村庄里十件重要的事情中，除了协助埋葬、灭火之外，余下的成人礼、结婚、生产、生病、帮忙建新居、水灾时的救护、每年的祭拜法事、远行时帮忙看家等活动中完全不进行任何的交流和帮助。

在的非营利组织里，很多妈妈都打算暂时离职，以后还想再就业做兼职工作，但非营利组织会优先给白天连续工作七个小时以上的妈妈提供育儿支援，求职中的妈妈很难享受到公立保育园的托管服务。她们只能在被认证的私立保育园拿到名额，所以经常听到不满的意见啊，说"为什么那些只能做低工资零工的主妇们，却只能选择托管费高昂的认证保育园"。但我和辛苦工作的精英职场妈妈交流后，她们也会说，"我们都那么拼命工作了，也很不容易啊。"所以这个问题里，不同的女性群体，或者说圈层的差距很大，以至于鸿沟也很大。还不单纯如此，现在仍然有偏见认为妈妈把孩子放到保育园里托管，对孩子缺少了爱护，等等，总之很多问题交织在一起。

❖ 女性身上过剩的母性

水无田：正是在经济高速增长时期，孩子原本就是私密性的产物这一概念在社会中普及开来。我觉得母亲对育儿这件事是不是也没那么执著了。比如我自己的儿子，我觉得他只和我这么不靠谱的人接触，肯定不如让他多接触那些细心又耐心的母亲，还有保育方面的专家。所以我为了继续工作，从哺乳期开始就带着他和我一起外出，比如麻烦家附近或者大学里的临时保育园，做地方演讲的时候也有儿童托管服务可以用，对此我真的心存感激……当然很多时候我也会觉得，这孩子跟着我辛苦了。不过他还是会经常对我说"我好喜欢妈妈"……

斋藤：哇，这简直太好了，像是妈妈才有的特权，爸爸就很难拥有。

水无田：我经常对孩子充满感激。不过即便如此，我也从没有产生要辞掉工作的念头……我觉得孩子早晚都会松开我的手，但写作是可以做一辈子的工作。

斋藤：我觉得没有变成"儿子是恋人"这一点特别好。最近《朝日新闻》做了个特辑"和儿子失恋了"，读着让人很不舒服。比如有一个故事说儿子才是恋人，老公和自己反馈饭菜好吃，自己一点感觉也没有，但被儿子夸赞后高兴得像上天一样。

水无田：前几天，我和白河桃子老师还有西森路代老师三个人一起做了个"女子学会谈"，其中提到了偶像论，白河老师说，"母亲们接触偶像的时间比接触先生的时间还长。"母亲听偶像的歌曲，看偶像的DVD，和女儿一起追星，客厅里贴着偶像的海报，为了买一张演唱会的门票想尽各种办法打电话，或者在网上拼尽全力刷信息。这么一来，自己的情绪倒是得到了满足，但父亲却被疏远了。

20世纪三四十年代有一种古典的近代家庭论，认为家庭功能减弱了。家庭功能原本包括经济能力、给予地位、保护家人、教育孩子、提供爱等多种多样的内容，但随着近代化的发展，教育转移到了学校等专门机构，经济变成了去企业等外部机构挣钱的形式，一家人围在一起劳作，以及教育在亲人和社区内完成的传统关系渐渐瓦解了。不过，这个说法认为只有爱不能转移到其他机构，作为家庭的重要功能被保留了下来。

只是在日本的家庭里，妻子没办法从丈夫那里得到情感上的满足，便转移到了孩子身上，或者是偶像身上，甚至无限疼爱宠物……某种意义上是不是可以说日本女性的母性中，还有一部分想要去掌控别人的欲望。相当花费精力的日本式育儿里，母亲在孩子最耗神的阶段投入了过度的付出，正因为如此，一旦孩子松开了她们的手，她们的母性没来得及完全释放，于是无所适从的她们才转向了年轻可爱又纤瘦的杰尼斯帅哥吧。

斋藤：男性倒是一直在追求类似母性的感情，女性自己也能感觉到身上的母性还残存着吗？

水无田：是的。

斋藤：这是暂时性的吗？我觉得母性能发挥的作用会逐渐减弱，会不会以一种想象的形式继续顽强地保留着呢？我想说的是这部分母性要如何释放才好呢？

水无田：社会发生变化的时候不是一条直线地进行，而是改革和反作用力的保守化反复出现，像摆锤一样震动着前进。当前女性想做家庭主妇的志向急剧上升，尤其是年轻女性群体，二十岁年龄段的女性里有六成想做家庭主妇，比三十岁到五十岁这个年龄段的比例还高。而且，有性别分工意识的女性肯定也增加了很多。

可另一方面从现实情况来看，女性越来越意识到自己必须要工作，在这种非常矛盾的想法背后，我觉得母性的情感增值了。女性在现实中很难释放母性，如果要实现就要建立配套的关系，或者说创造一个舞台，会花费成本，也就是说为了流露母性，为了满足母性，成本会变得特别高。于是女性才会反过来更想做家庭主妇吧，有种越没有越想要的感觉。

还有一点，基督教的伴侣关系输入日本后，是不是也变成了一种理想化的幻想。发誓无论生病还是健康都永远爱对方的"浪漫爱"，其实在日本的伴侣中原本是不存在的，或者说日本就没有建立过伴侣文化。

斋藤：真的是没有。近代的个人主义也从来没有在我们的社会里扎根，和这一点也有关系吧。

水无田：一个是正式场合里必须跳交际舞的文化圈，一个是集体跳盂兰盆舞❶，之后还有闹哄哄聚会的文化圈，两者截然不同。女性一直有着成为戴安娜王妃的幻想，可实际上浪漫也好，情绪抚慰也好，都没能得到满足。要想在现实中满足没被满足的情感，只能在母子关系中谋求了吧，何况还备受推崇。

斋藤：是这样。

水无田：所以啊，我觉得这是很恐怖的。

斋藤医生您在书里写过，妈妈不想单纯地"被杀"，也谈到妈妈自身很压抑的问题，但这种压抑既有心理层面的也有社会层面的。我是做社会研究的，我觉得女性在获取社会身份的过程中，可以从妈妈角色的束缚中放松一些，这一点我在过往的论文中描绘过简单的图式。家庭社会学讨论的基础就在于这个图式。但是，即便有这些研究，性别压抑的问题需要如何去考量，就只能靠斋藤医生努力去写出来了。

---

❶ 即日本盂兰盆节的舞蹈，盂兰盆节指在每年 8 月 15 日前后举行的祭祖活动，每到此时日本人就会跳盂兰盆舞。一开始是对祖先之灵表示迎接、祭奠和送行的舞蹈，现今虽已脱离了原来的目的，人们却还是会在寺庙和街道广场跳，成为日本各地热闹非凡的夏季活动。

斋藤：没有没有。但关于这个问题，我倒是打算从不良少年 **❶** 文化论的视角去贴近。混混文化的家庭主义对女性来说很容易变成压抑。

水无田：原来如此，我很期待这个研究。不良少年群体其实和农村社会的问题有一些关联呢。与其说他们是小社会，我觉得更像是农村……

说回社会属性，我觉得想获取社会身份的妈妈今后势必会越来越多。1997 年后，即便是工薪阶层家庭，双薪家庭的数量也已经超过了有家庭主妇的家庭，以后数量还会继续扩大吧。女性不得不外出工作的原因有很多，但其中一点在于产业构成比例的变化，尤其是以服务业为主的第三产业，就业人数占到了所有劳动力的七成左右。增长最多的是医疗与福利领域，而这些行业的劳动力市场上女性比男性更受欢迎。反过

---

❶ 同前文出现的「ヤンキー」，来自英文的 Yankee。20 世纪 90 年代后期到 21 世纪初期，深受美国街头帮派和黑帮明星的影响，日本出现了喜欢西海岸嘻哈时尚风格的不良少年 。从一开始强调华丽外形的 GAL 男，后来细分为牛郎系、迷幻系等风格，2014 年开始出现温和混混（Mild Yankee），这一群体在穿着打扮方面没有太多特点，也没有以前不良少年的攻击性和犯罪率，他们喜欢"羁绊""家人""同伴"等词语，深爱家乡，喜欢小面包车，出门必去的地方是购物中心，据说现在日本每三个年轻人中就有一个是温和混混。

来，在制造业和建筑业等男性比女性更好就业的第三产业里，劳动力市场却出现了缩小的趋势。也就是说，女性的工作机会增多在于"引出因素"发挥了作用。而且，以年轻人为中心的男性劳动力也面临着工资水准整体下降的现状，升职机制也逐渐老化了。结果，已婚女性劳动力的定位从补贴家用转向了外出工作，这种"外推因素"也有一定的作用。

此外，从人口动态变化来看，今后适龄生育人口的减少是必然的趋势。也就是说，在女性就业势必会增加的情况下，有必要同时提高对生产与育儿的支援。结合这些背景，母亲作为女性获得了社会身份后，即便性别压抑的问题没得到彻底解决，当前的问题也会变得相对简单一些吧。

斋藤：我和您看法一致。不过，在我的专业里，也就是精神医学里有"蛰居族"群体，从现实情况来看，这个群体绝大多数是男性，统计数据显示是八成，即便乐观一点来看也有七成。这个很明显不是说女性蛰居族数量少，而是有没有和男性一样被当作案例看待的区别。

男性大学毕业后不工作的话，很快就会被社会敲打。比如被邻居用奇怪的眼神盯着，还会被议论，说那家人不知道在干什么，但女性这样的话就可以说还在帮家里做事，而且这种借口非常好用，父母和本人都可以沉默着敷衍过去。当然，究竟有没有被当作问题对待，这又是另一个问题了。

换句话说，男性很容易感受到来自社会的压力，甚至被压力击垮，但女性至少还可以用帮忙做家事这种理由遮掩，能相对心安理得地家里蹲，甚至毫无压力。我觉得这也是统计出来的女性数量少的一个原因。难以被当作案例与容易逃脱压力一呼一应，才让女性蛰居族的情况显得稀有……说稀有可能有点夸张了，但现状确实是数量很少。

水无田： 在尼特族 ❶ 这一类别里，会不会是男女差不多各一半呢？

斋藤： 尼特族的话，差不多是各一半。尼特族就是单纯地不去上班，也不去学校的人，不会被当作案例，统计上很容易算出来。

水无田： 啊，原来是这样。原来尼特族的情况也没有被当作问题。

斋藤： 是的。尼特族被看作问题的话，也就是被当作蛰居族吧。

水无田： 那他们身边的人，包括本人在内会不会感觉痛苦呢？

---

❶ 尼特族（英语：NEET，全称 Not in Education，Employment or Training）也称啃老族，是指不安排上学、不就业、不进修或不参加就业指导的年轻人。尼特族一词最早出现于英国，之后其他国家开始使用。

斋藤：嗯，有部分尼特族不觉得痛苦，但大多数还是挺不好受的。所以这里也很容易反映出社会性别的问题。比如女生闭门不出的话，母女关系很有可能变得极端亲密，比男生和母亲的亲密度更高，一体化的倾向更明显。

水无田：是这样啊，我大概能明白。

斋藤：女生蛰居族的极端案例里，本人连房间都不走出一步。她会说，我的身体动不了，帮我把饭端过来，或者说换不了衣服，帮我换，极端到这一步。

❖ 母女问题的时代背景

水无田：话说回来，我们对男性"何为父亲"的执念，大概是战后重新塑造的简单易懂的概念吧？

斋藤：不，我觉得所谓何为父性，在日本从来没有存在过。大家经常说"父性的衰败"，可其实本来就没有啊。我读过一本书叫《虐待和亲子的文学史》（平田厚著，论创社，2011年），里面提到所谓严父的形象，其实是明治三十年之后人为创造出来的。

水无田：这倒是能理解。

斋藤：《逝去的世界的模样》（渡边京二著，苇书房，1998年）

这本书里写过，之前的日本社会对女性没有任何压制和束缚，可以说是理想的育儿环境，连欧美人都表示羡慕，但这种环境随着快速的现代化而消失了，所以称之为"逝去的世界"。这本书里还提到，现代化的宪法被引入后，家庭制度得以定型，父权制这种东西也被人为创造出来，这个过程中还出现了虐待儿童的情况，文艺作品也出现了这类题材。

水无田：真是影响深远啊。

斋藤：虽然有战前的黑暗期这个说法，但战前也有很多不同的时代。如果说是明治三十年❶之后的时代产物，我们就恍然大悟了。其实就是那个年代才出现的传统罢了。

水无田：说起明治三十年代之后，还真是标志性的时代。那时候颁布了高等女子学校令，受过一定程度教育的未婚女性成为一个醒目的社会阶层。当时也是自然主义文学❷最为盛行的年代，作品中出现了大量身着褐红色褶裙，还有穿着类似制服的女性，也许是男性对这一现象的回应，再加上国家的现代化，男性对于之后如何体现自己的父权感到了压力，于是出现

❶ 明治时代为 1868—1912 年，明治三十年即 1897 年。

❷ 日本自然主义文学是日本近代文学的一个重要流派，代表作家有岛崎藤村、田山花袋、德田秋声、岩野泡鸣、正宗白鸟等人，揭起了彻底反对道德、反对因袭观念的旗帜，主张一切按照事物原样进行写作。

了所谓萝莉控趣味的倾向。也正是这一时期，田山花袋创作了《少女病》❶这样的作品。之后，贤妻良母的说法也出现了，还成了女子学校教育思想的基础。

斋藤：就是这样。

水无田：其实也可以说，贤妻良母、萝莉控的说法和少女趣味，以及随后出现的父权制的强化和虐待儿童的现象，几乎是同一个时期发生的事情。

斋藤：还真的是里外呼应啊，恋母和萝莉控尤其如此，两者在特别深层的地方其实是相通的。用精神分析的说法就是，"想去保护"萝莉的心理和"想被保护"的恋母心理可以简单粗暴地相互替换。我觉得，这个现象的基础正是明治三十年代之后的快速变化带来的。所以我一直有个强烈的感觉，妈妈和女儿之间有点别扭的关系实际上是这种变化的副产物，也可以说是时代的产物。尤其是婴儿潮一代的母亲和她们现在三四十岁的女儿，两代人之间的冲突最为激烈，如果是之后的几代人，我反倒一下子想不到有什么特别的印象。

水无田：可能真的是这样，欧美的情况如何呢？

---

❶ 《少女病》是田山花袋于 1907 年 5 月发表在杂志《太阳》上的作品，描写了中年男子对年轻女孩的爱慕，以及隐藏在内心的情欲。

斋藤：说起欧美的话，我读过几本剖析这个问题的书，但大多数都把妈妈和女儿的关系当作普通的亲子关系来看待，没有做特别区分。卡洛琳和娜塔莉写的《所以妈妈和女儿难以相处》❶（夏目幸子译，白水社，2005 年）在法国成了畅销书，但精神分析的书都没有时间概念，这种框架写出来的书，也不会明确写出何时出现了我们说的母女问题。

水无田：是这样啊。我印象中，美国是 20 世纪 50 年代的时候，做全职家庭主妇的母亲比例比较高。

斋藤：我印象中也差不多。

水无田：日本的情况大概是 20 世纪 70 年代左右吧，随着婴儿潮一代经历结婚生孩子等一系列家庭活动，女性做家庭主妇的比例也达到了最高。那一代人和她们的孩子，也就是第二次婴儿潮一代❷之间的关系的确相当别扭，这也是我特别有感触的一点。

　　而且，第二次婴儿潮一代也是失去的一代❸。站在女性的

---

❶　原文书名为 *Mères-filles*，*Une relation à trois*。

❷　指"婴儿潮一代"的子女，出生于 1971—1974 年。

❸　失去的一代，英文是 Lost Generation，指泡沫经济后，面临着就业冰河期的那一代大学毕业生。也指在昭和四十年代后期到昭和五十年代前期之间出生的一代人。（原文注）

角度来看，在同年龄段的男性中找到像自己父亲那样有一定经济实力、能买得起房子、可以完全负担得起育儿成本的丈夫，可选择的范围实在太小了。理想与社会现实的差距，也是经济社会结构差距最大的两代人，可能就是婴儿潮一代的母亲和第二次婴儿潮一代的女儿之间吧。

斋藤：是啊。我的实际感受是这个代际差的"下限"还可以往前倒推二十到三十年，她们也是最容易有母女问题的两代人。

水无田：如果是儿子的话，就不得不去适应时代的变化，毕竟"经济情况变得拮据了，双薪家庭也力有不逮"。更年轻的一代人，也就是现在不到三十五岁的人，正好是男女双方都必修过家庭教育的一代，他们一定程度上对做家务这件事没有那么大的抵触情绪。

刚好就是三十五岁往上的这代人，三十多岁，四十岁这代人的境况最为严峻。女性的家庭责任仍旧相对繁重，而同年龄段的男性还保留着"昭和男儿"的做派，可偏偏又是失去的一代，这一代男性没办法像自己的父亲那样赚大钱。雪上加霜的是，母亲们还有根深蒂固的家庭观，希望自己的人生得到肯定，于是希望女儿能理解自己的价值观，并对这样的价值观进行再生产。三十岁后半到四十多岁的这代女性，因为有这样的母亲而更加辛苦吧。

斋藤：我也有一样的感受。比婴儿潮一代年长的母亲们，有一部分人虽然接受过战后民主主义教育，表面上男女平等，但实质上还保留着男尊女卑的行为模式，男女之间的地位差别悬殊。之后发生的变化就像我们刚刚指出的，家庭的构造不再以夫妻为单位，而是以母子关系为主，父亲被疏离在关系之外，夫妻之间也很疏远，那么母亲要从哪里获得认可呢，只能和孩子相互依存。于是她们在育儿的过程中渴望得到自我认可，渐渐就和孩子难舍难分了。

日本十八岁至三十四岁这个年龄段的单身男女和父母同居的比例高达百分之七十左右，和韩国不分上下，在国际上属于相当高的比例，也就是所谓的寄生虫问题。能一直和父母住在一起的一个因素就在于母亲难以离开孩子，当然也有经济方面的因素，于是孩子难以从家里独立出去。如果和父母同居的关系长期维持下去，那彼此会不会亲密过头，就像锅里的水煮干了一样。

失去的一代是就业特别困难的一代人，更容易出现和父母住在一起，甚至依赖父母的倾向。如果能从这种依赖里跨出一步，或许能稍微客观地看待亲子关系，但跨出这一步似乎非常困难，同居的状态也就一直无奈地保持着。这一点正是蛰居族现象存在的土壤，另一方面也是母女关系容易产生矛盾，或者朝着一卵性母女关系发展的原因吧。和父母同住的比例如此之高，今后会如何演变呢？我对此十分关注。欧美的话，新教文化圈国家里只有不到百分之二十的年轻人和父母同住，但天主教文化圈国家，比如意大利和西班牙，这个比例也达到了百分之七十，蛰居族也是一个社会问题啊。

水无田：是啊，现在在意大利也已经是很大的问题了，还有少子化的问题。

斋藤：是的，也是寄生虫问题引起的。

水无田：意大利语中的妈宝男 ❶ 吧？

斋藤：对，还有母亲崇拜。

水无田：我听了一些案例后，感觉比日本的情况还要严重。

斋藤：我觉得两者之间的区别在于，意大利的恋母是十分尊敬母亲，而日本的恋母是对母亲施加暴力。

水无田：就像斋藤医生您指出的，男性的人生往往要求与社会产生联系，但我在想，今后女性的人生也会被要求这一点啊。

斋藤：某种意义上，我觉得对女性社交技巧的要求比男性更

---

❶ 此处原文为「マンミズモ」，即意大利语的 mammismo。

高啊，有时候从幼儿园就开始了。小孩子中间不是就有类似"女子会"这样的活动吗？

水无田：这一点确实如此，同时男性对双薪家庭的需求也变得强烈了，找同类人结婚的需求也相应提高了。他们希望找到学历和职业地位与自己差不多的对象，女性同时也在捕猎好的结婚对象，这样一来，当前的时代就要求每个人都必须提高自己的社会地位。

斋藤：在同一个阶层找对象。

水无田：带来的社会问题就是，阶层差距比性别差距更大。

斋藤：先不说好坏，我现在模糊地感觉欧美的阶层意识还没有在日本定型，今后会朝着这个方向变化吗？

水无田：是的。不仅仅是社会学学者，只要是研究涉及家庭、性别问题的人，都必须考虑更多阶层的问题。但另一方面，正面剖析阶层的书往往会触碰到社会的敏感地带，很难写出来，只能以贫富差距问题的形式来处理。

斋藤：山田昌弘❶老师的书就很畅销，有段时间还出现了一系

---

❶ 山田昌弘，生于1957年，知名的日本社会学家，研究方向为家族社会学、感情社会学和性别理论，代表著作有《少子社会》《为避免下坠而竞争——日本格差社会的未来》等。

列围绕差距展开的讨论，比如幸福差距和教育差距等。

水无田： 社会对差距的敏感都到这一步了呢。然而，读这些书的人在日常生活中其实一点也不想接触和自己不同阶层的人，甚至彼此讨论这个话题本身都是禁忌。另一方面，我觉得社区的社会资本 ❶ 还是由家有学生的母亲们在承担。考虑到社区里接地气的生活实感，还有大家共生共存的社区形态，就会明白把孩子送到公立中小学的母亲们的部分认知很先进，这很让人意外，但也有一部分难以变通，深深扎根在脑海中。

母子之间的问题就是如此，因为日本社会的基础里有些根深蒂固的东西，在被语言描述出来前就作为"常识"固定下来了，我觉得只有先消解这些东西，改变才会相应发生。

❖ 顽固的日本家庭主义

斋藤： 说到家庭的形态，好像也给人顽固不化的感觉。

水无田： 是这样的，我感觉还是在延续三十年前那套标准化的

---

❶ 社会资本（Social Capital）是社会学的一个概念，指个体或团体之间的关联——社会网络、互惠性规范和由此产生的信任，是人们在社会结构中所处的位置给他们带来的资源。

东西。我在很多场合就家庭问题做过发言，但收到了很多强烈批判和反对的声音。

斋藤：是吗？这么保守倒是出乎意料。

水无田：我和其他专业的年轻社会学学者讨论信息社会学或者媒体论的时候，经常被他们说，"水无田老师，有关IT的知识啊，我们身边的普通人，尤其是大叔根本不懂，他们最多敷衍一句，还有这样的事情啊。但水无田老师说的有关家庭和女性问题的言论，某种程度上对他们不利嘛。因为他们会感觉自己平时生活里接触的，认为是理所当然的东西竟然被批判了。"

斋藤：在学术界也是这样吗？

水无田：从专业分类来说，大家对家庭似懂非懂，或者说这个问题太庞大了很难分析……尤其是我在后来一次次认识到，大家对女性社会学学者说的话有很大的抵触感。

斋藤：这倒是有点让我意外，会被抵触吗？

水无田：到现在都有很多。我觉得抵触也是回应，还算是好事。可能他们自身有不安的感觉吧，才会对我批判和抵触。或者不如说，有一些阶层的人希望眼前的生活不要发生任何变化，即所谓沉默的大多数会有恐惧感，因为他们的观念顽固不化。所以说家庭真的很难去直面，更不用说日本的母子关系是那么坚固。

斋藤：没想到母子一体化从而疏离父亲的家庭结构现在还是这么顽固，但我觉得有一点发生了变化，从临床现场的观察来看，母亲对孩子似乎没有抓得那么紧了。

尤其是治疗青春期孩子的过程中，我发现婴儿潮一代之前，也就是六十岁以上的那一代母亲还会毫无保留地奉献自己去守护孩子，先不说好坏，她们的这种观念只是顽固而已，但到了往下的一代人，抓住孩子的执念就淡化了很多，她们会对孩子说"之后全部靠你自己了"。如果孩子住院了，年龄大的那一代父母会担心得每天都来探望，直到孩子烦得说"你们不用来了"，但父母越年轻，就越倾向于把事情外包给专业的人做。还有家庭内部暴力的问题，上一代的母亲哪怕被孩子施暴，被打被踢也还是会照顾孩子，但往下一代的母亲就不这么想，她们会直接离家出走，或者不管孩子，有这样的行为趋势的确让人眼前一亮。

水无田：就是说，像《积木塌了》❶里那种孩子发疯了，对母

---

❶ 《积木塌了》是 1982 年演员穗积隆信创作的同名书籍，记录成为不良少女的女儿和一直帮助女儿重生的父母之间的冲突，发行量超过三百万册，成为畅销书，并于 1983 年拍成电视剧（TBS 出品）。

亲又打又踢，母亲还忍受的事情只会发生在上一代了？

斋藤： 差不多是这样。如果不是到了某一代人，很难有这样的觉悟，当然，不好听的说法是，这样的父母渐渐会变成以自我为中心。但我觉得这和欧美的个人主义又很难挂钩。

水无田： 是这样。大概是 2000 年之后吧，舆论突然开始宣扬个人主义的自我责任和自我决定论，新自由主义的倾向也越发明显，但个体作为最关键的核心还是没有得到尊重。

斋藤： 完全没有尊重呢。自民党一直强调新自由主义的内容，但宪法的提案里又出现了奇怪的解释，说"权利和义务是一套组合"，赤裸裸地否定了天赋人权的说法。所以从这里就可以很清楚地看出还是回到了农村社会的理论，逻辑有点像"只要做了自己该做的事情就可以在社区里预存恩惠"。从这个意义上说，其实是自我责任论。

水无田： 但另一方面，比如接受生活补助的话，又要先确认三等亲 ❶ 的亲戚不能提供援助，在奇怪的地方又出现了家庭主义。

---

❶ 三等亲指三级亲属，是指表兄妹或堂兄妹。一级亲属是一个人的父母、子女以及亲兄弟姐妹。二级亲属，指一个人和他的叔、伯、姑、舅、姨、祖父母、外祖父母。这里是说亲戚关系已经很远了。

斋藤： 家庭主义难道不是在方方面面都存在吗？我觉得日本的政策在所有方面都是一以贯之的家庭主义。

水无田： 日本型福利社会是这样。

斋藤： 对弱者的保护也经历过一直推脱给家庭的阶段，比如精神障碍患者直到战后的一段时间，都还一直被关在自己家里——也可以说是禁闭室。直到昭和三十年代❶，大医院多了起来，这样的情况才慢慢减少，但随之而来的是高龄老人的问题。照顾老年人也推向了家庭责任，之后有看护保险才勉强好一点。现在又轮到了年轻人，给人感觉蛰居族的问题也应该由家人自己处理。

水无田： 而且，一旦家里有蛰居族，大家很容易去责备父母把孩子教育成这样，尤其会责怪母亲的不是。

斋藤： 是啊，现在还会这样说。闭蛰居族现在平均年龄大概是三十二岁，完全是成年人了。日本这个群体的数量几乎相当于美国无家可归的人口，不过数据还有待证实。据说英国的青少年流浪汉大约有二十五万，而美国有一百万人以上，日本的青少年流浪汉还不到一万人。至少数据上是这样的。❷

---

❶ 昭和年代指 1926—1988 年。
❷ 以上数据均为 2014 年前。

水无田： 网吧难民这一类人呢？

斋藤： 据说大概只有五千人。如果是露宿街头的年轻流浪汉，数量对比起来更是少得多。那些不适应社会，或者反过来说，被社会淘汰的年轻人在哪里呢，其实就在家里。

水无田： 但是，父母的状况会越来越差吧。

斋藤： 您说得太对了，而且日本现在无家可归的不良少年好像越来越多了。从某种不好的意义上说，我预测日本以后在这方面也会朝欧美的方向发展，大概十年内蛰居族人口就会达到顶峰，其中大多数都是无家可归的不良少年吧，但其实现在多多少少就能看出这样的前兆。

水无田： 我明白。还有一点，蛰居族的男性数量更多，但说到无家可归的问题，近些年的网吧难民里，年轻女性增加了不少。听说涩谷那一带的网吧里，年轻人尤其多，几乎占到了一半。其实全年有收入的女性中，到手不足三百万日元的有七成，雪上加霜的是一半女性都处于非正式雇佣状态。如果没办法像过去那样通过结婚被家庭保护，以后会有越来越多的女性可能瞬间跌入无家可归的处境。

斋藤： 是这样。即便还没有沦为街头露宿者，但从网吧难民的意义上说，也有可能引发形式不同但本质相同的流浪汉问题。

水无田：这么一说我想起来一件事，有年轻女性离家出走后，在论坛里发帖子，"今晚请让我住你家"。

斋藤：会的。找一个"保护"自己的男性，要多少有多少。

水无田：所以很多时候也很难认定她们算不算无家可归的人。那些从家里跑出来的女性，可能是因为家暴，也可能是因为母亲在精神方面有问题，这样的情况都有。包括刚刚提到的大阪丢弃二孩事件，是家庭会议决定了不给亲生母亲提供任何援助，作为当事人的被告当时已经患有精神疾病，处于不能好好保护孩子的状态。可即便如此，她还是要履行妈妈的责任，这已经是多问题家庭，或者说综合问题家庭的话题了。只要细看家庭问题，会引出很多交织的问题。

❖ 家务的外包化

斋藤：最后想请教您的是关于具身性的问题。在养育男孩和女孩的过程中，我会想象在具身性的教育上两者是不是有不同之处，了解到水无田老师母亲的育儿方式后，感觉您受到的是偏向男孩的养育，但这种教育似乎并没有在您身上留下什么问题，您自己的感受呢？

水无田：母亲毕竟拿过家庭科的教师资格证，她教了我做饭、裁缝这些技能。

斋藤：是作为生活技能教的吧。

水无田：是技能吧。而且，某些情况下还是按照体育训练那种风格进行的……比如我的手不小心被针扎了，或者被剪刀割伤了，她会说"这点小伤不用管也会好，但你剪坏的布就没办法修复了"（笑）。她教我做饭也像做科学实验，比如告诉我食物和渗透压的关系，从分子结构告诉我应该按什么顺序加调料，还从蛋白质的特性教我如何调整温度，完全就是技术训练。

斋藤：原来是这样。或许用这种方法彻底教会您技能，反倒不容易产生矛盾吧。您和母亲之间会不会相互借对方的衣服穿呢？

水无田：我读初中之前，穿的衣服大多是妈妈手工缝制的。我们基本没去逛街买过衣服，而是去布料店买布料。她会一次性买很多便宜的布料，想好"理惠子的衣服用这一块，妹妹的衣服用这一块，我的用这个"再开始做衣服。

斋藤：这样不是很好吗，和换衣服穿的感觉会不一样。

水无田：不一样。当时有很多布料店，妈妈一边买一边教我们如何搭配布料的种类和用途，如何挑选。那时候是昭和四十几年吧，母亲还自己做衣服。

斋藤：也自己打板？

水无田：是的。妈妈定期购买《DressMaking 的可爱童装》，在目录里选自己想穿的款式，再按照原样做出来。布料也好食物也好，妈妈是那种能立即计算出成本的人，她一直说成品的童装比自己用布料做贵太多了。她偶尔也给我买成品的衣服，但把里子翻过来一看，说"哎呀，这个里子的做工不行啊"，又退回去了。然后说，"一样的款式，我做的比卖的更好"，结果她做出来的真的比成品还漂亮。

斋藤：我发自内心觉得，您母亲在各方面都技能精湛。

水无田：从作为母亲需要的技能来说，我的确比不上她。也正因为如此，坦白说，我从没想过要成为她那样的母亲，我也做不到。

斋藤：我觉得技能方面如此能干的话，某种程度会不会是压抑的产物，您觉得呢？

水无田：技能水平真的太高了，几乎是专业级别。

斋藤：某种意义上，她也给人感觉做到了母亲的专业级别。

水无田：说句极端的，就好像父母是厨师的话，自己绝不想在家里做一样的饭菜。

斋藤：意思是水平过于高超了。这些技能其实也不全是从外婆那里继承的吧。

水无田：有一些不是外婆那里学的。妈妈上过西式缝纫学校，日式缝纫好像和外婆学过一些，但我听说她的技能基本上还是在短期大学和专科学校学的。

斋藤：等于是外部习得的技术。

水无田：当时那个年代，刚好也是新娘培训课程商业化开始的时期吧。

斋藤：已经商业化了啊，其实商业化挺好的。如果是代代相传的模式，外婆传给妈妈，妈妈再传给女儿，越依赖这种方式，这个过程中就越容易产生冲突。

水无田：妈妈那一代人恰好比婴儿潮一代年长一些，差不多是那个时候开始，家务和新娘培训课程开始朝商业方向转移，妇女杂志和料理教室里经常能看到这类信息。也是那个时候，大家不再局限于传统食物，开始自己做洋食，《生活的手帖》（生活的手帖社）也会刊登法式酱汁的配方。感觉战后有一段时间，家庭料理的概念被颠覆了似的。所以那时候妈妈在料理教室学的东西比外婆教给她的传统味道更丰富。

斋藤：当时是不是很常见呢？

水无田：是吧。

斋藤：大家都这样吗？

水无田：回想起来，妈妈在短期大学的朋友们差不多都这样，但我老家一带的母亲们似乎不是。妈妈之所以被家里兴致勃勃地送去学校学习新娘培训课程，可能还是因为她算是大家闺秀吧。

斋藤：是啊。我听了您的分享后想到，性别教育还是需要通过技能学习的商业化，用公开的形式来实现，而不是母女相传的模式，这或许也是避免冲突的秘诀吧。今天真的非常感谢您。

❖ 对谈结束

　　水无田老师既是充满锐气的社会学学者，也是一位诗人，我和她的对谈是有史以来第一次在有孩子在场的情况下进行的（和大五郎君玩的"假扮打仗"太开心了！）

　　水无田老师基于自己对儿子的养育经历聊了日本母亲面临的困境，进而从家庭社会学视角聊了日本的家庭问题，包括但不限于母女问题，对谈内容涉及了很多领域。水无田老师还指出了重要的一点，说她想成为社会学学者的契机是发现"'做女人'和'做人'的区别太大了"。

  如果，所有的母亲都能像水无田老师的母亲那样把女儿当作"人"来抚养，而不是仅仅当作"女孩子"来抚养，母女问题是不是就不那么容易发生了呢？果真如此的话，"真凶"会不会是异性恋主义呢？这场对谈让我忍不住浮想联翩。

后　记

距离我前一本书《母亲控制着女儿的人生》出版已经过去六年了，母女问题的情况应该也发生了很大变化吧。这几年里，田房老师等有相关经历的多位女性积极发出自己的声音，引起了对此有共鸣和反响的人们的热烈回应，使得母女问题的关注度急速上升。我们能在这个时间点做出这本对谈集，实在倍感幸福。

五位老师爽快答应与我进行对谈，我对此再次表示感谢。

我前一本书是 NHK 出版社的加纳展子女士牵头策划的，这次也基本仰赖加纳女士的策划能力，进展迅速。从对谈的设定到书本的构成，真的辛苦她了。我在此衷心感谢。

另外，萩尾望都老师不仅参与了本书的对谈，我还请她为封面创作了插图，是一幅集中表现了母女关系的温柔与可怕双面性的"作品"，十分精彩。❶Milky Isobe 女士平时就对我关照有加，这次为本书的装帧做了完美的编排，成书的内容十分精美。我对两位老师表示深深感谢。

2014 年 1 月 23 日
于严冬中的筑波市并木

---

❶ 指本书日文原版封面。

译后记

高璐璐

　　最初接下这本以母女关系为主题的书时，我是有一丝犹豫的。母亲在我十六岁时生病离开，至今快二十年了。即便和母亲共同生活时我们有过亲密的愉快，也有过琐碎的争吵，但我和母亲的关系似乎定格在了她离开我的时候。我担心缺失的和母亲相处的岁月会成为翻译过程中的短板，即便我听过女性朋友们和母亲的种种相爱相杀，我仍旧没有机会去实际经历，只能作为他者，隔着距离去观察。而同时，作为新手妈妈，我养育着一个快两岁的男孩子，也没有和女孩子相处的经验。可以说，向上和向下，作为女儿和母亲，我都不算"合格"的母女关系当事人。

　　这种担心直到我翻译作者和第四位嘉宾——信田小夜子的对谈时才如释重负。当其他几位嘉宾都说自己的母女关系不愉快时，信田说她和母亲、和女儿的双重母女关系都不是很辛苦，讨论这个话题有点他人之事的感觉，但正因为是他人之事，才能更客观地讨论这个话题，毕竟身为女性，无论如何都

227

是当事人。这刚好适用于我的情况。我以为的短板或许是一种"优势"，能相对抽离地去触摸让人幸福也让人痛苦的母女关系。

母亲不在身边的岁月里，我日常羡慕能与母亲一起逛街吃饭、说悄悄话的女性朋友们，但我也听过她们对母亲的无奈抱怨。田房永子在对谈中说妈妈的语言像咒语根植在身上，她想"除咒"却难如登天，我瞬间想到一位好朋友有一次也巧合地用到了"咒语"这个词。她说，"跟老妈吵完架后，哪怕觉得自己没错，也总会顺着她的思路自我谴责，然后很难过，她总有本事让我觉得自己很糟，像应激反应一样。即便我知道和母亲隔开距离会好一些，但违抗父母这条路阻碍太多，总是道德走在道理前面，'我是你妈'一句话可以大过天，可以不讲任何道理，'我为你好'可以粉饰任何的自私。"

朋友和母亲是常见的母女：妈妈无微不至地照顾女儿，一直做到自己能做到的最好，但也希望女儿能满足她的期待，学好专业，找好工作，合适的时候找好对象，再生孩子。可一旦期待落空，两个人的日常就开始了无限循环的相爱相杀。

但母女关系的"危险"不止于此。有大龄单身的朋友，妈妈既希望女儿早点找到对象，早日独立，又担心独生女在大城市辛苦，最后朋友还是回到老家的小城市和父母同住，享受照顾的同时也多了冲突；还有朋友家里是姐妹俩，妈妈一直偏爱更聪明的姐姐，于是朋友从小到大一直不自觉地讨好妈妈，试图证明母亲也爱自己；我也听一位朋友说过自己和妈妈关系紧张是因为妈妈和外婆的关系就很紧张，于是她也担心自己以后和女儿的关系会不好；还有朋友在生完孩子的当天忍着疼痛给妈妈打电话，哭着说以后再也不和她吵架，要好好爱她，电话那头的母亲也在哭泣；但我听到最多的是朋友抱怨妈妈为自己做了很多不需要的事情，从衣食住行的操心到人生大事的选择，以"为你好"的名义……

东亚社会里很多文化都有相似之处，包括复杂的母女关系。我和身边的女性朋友说我在翻译一本讲母女关系的书时，大家都迫切地想知道为什么妈妈那么难搞。我解释时才发现，本是最亲密的母女，为什么也是伤害彼此最深的人这件事，不是三言两语就能说清楚的问题。

身为男性的本书作者斋藤环，从他的专业角度从始至终都在强调一点：母女关系之所以复杂是因为母亲与女儿都是女性，她们在真正意义上拥有身体，即"具身性"。同为女性，母女能共享很多身体上的感受，尤其是月经与生育。于是也就不奇怪在育儿的过程中，自己的妈妈，即外婆的存在往往是最强有力的支持，反过来，女儿在成为妈妈后，也能更理解自己母亲的难处。生理的共情带来了更深层次情感的共享，母女天然成为彼此无法分离的人。可同样的，也正因为都是女性，母亲太清楚在有性别偏见的社会里，在女性被要求应该如何如何的环境里，生存有多么艰难。她希望女儿尽量避免犯自己犯过的错误，少走自己走过的或者自我认知里的弯路，担心女儿吃亏、受累、犯迷糊，母亲恨不得把自己人生中积累的经验全都教给女儿，让女儿活出比自己更好的人生，即斋藤反复和嘉宾确认的一点，"母亲有没有想在你身上重新活一次人生？"

爱与控制似乎成了母女关系的正反面，相互缠绕着，剪不断理还乱。何况，历史背景下形成的母职神话让母亲投入了过度的育儿成本，她们并不想放开紧紧抓住孩子的手，无论女儿还是儿子。但不同的是，儿子不会在离开母亲时有负罪感，女儿有，还很强烈。这里就不得不引出男女之间的鸿沟，无论丈夫还是儿子，他们都无法完全理解女性的感受，在主流的家庭结构下，母女自然成了最能相互理解的人。如果说母亲对女儿的控制是母女关系复杂的一个核心问题，不如说这是母亲身为女性的战斗，本想与女儿成为战友，却在本就弱势的情况下变成了内耗。即田房永子发出的疑问，母亲的话语到底是咒语，还是生存方式的传承？

于是我们发现，表面讨论的是母女关系，但更深层次上，这离不开女性作为第二性、近代家庭主义、异性恋霸权等种种更大的议题。如果我们能站在更高层面俯视自己与母亲的关系，就会发现母亲也好，自己也好，都只是被困在了时代与社会的张力之中，如果母女关系的问题是时代的产物，我相信，随着时代的变迁，随着女性有更多元化的选择，母女关系也会有新的变化。

那，我们目前有解决的方法吗？其实书里的五位嘉宾已经给出了自己的答案。田房永子发现她难以"除咒"后，通过心理咨询的方式疏通自己的心结，也通过少与母亲联系的极端方式保持距离。角田光代创作了一系列探讨母性的作品后对"母性是天生的"产生了质疑，强调"母亲不只是母亲，也是独立的人"，还建议主动了解母亲结婚前的事情有助于关系的和解。萩尾望都说她发现"对母亲的负罪感不会消失"后学会了接纳，即父母只能接受孩子原本的模样，孩子也只能接受父母原本的模样。信田小夜子虽然没有在母女关系中受苦，但她深深感受到"母亲传递给女儿的生存智慧不可公开，因为在有性别偏见的社会里，每个人都有自己的生存方式"。水无田气流"生长在母系家族，但在社会上感觉到了女性被区分对待的不同"，于是她更多看到了社会结构对母女关系造成的影响，包括"以亲子关系而不是夫妻关系为主的日本式育儿"带来了母子的过度亲密，于是她亲身践行着"即便成为母亲，也要坚持做自己的事情"，也认可母亲的观念，即把女儿当作"人"而不仅仅是"女人"来抚养。

但说到底，每一对母女都是不同的个体，面临不一样的问题，身为母亲或女儿的我们，还是需要寻找各自的生存方式，进而突破自己的困境，解开母女关系之谜。

而我，也在这次的翻译旅程中填补了开头提及的缺憾。很多次，我会想象如果母亲还在，我现在会与她有着怎样的母女关系。作者频繁提及的"具身性"让我恍然大悟，难怪做了妈妈后我和离开许久的母亲有了前所未有的亲近，总感觉我的育儿直觉是她留在我身上的痕迹，以至于我想象到小时候如何被她照顾，即便那些记忆从不清晰。这大概就是角田光代在文中提到的，每当女儿想起妈妈，就会带上一层类似乡愁的情感，无论妈妈在哪里，那种感觉都如影随形地跟着自己。同时，我也更坚定自己在育儿过程中注重培养孩子的独立性，毕竟生产时医生邀请先生剪断脐带的那一刻，我就在心里对孩子说："现在起你就是独立的自己了，要加油呀！"这种独立不仅体现在和他一出生就分床、三个月就分房睡觉，也体现在日常里陪伴他的同时，保有自己的空间，保持相爱的距离。不知道自己以后会不会有女儿，但无论有没有，都如海瑞亚·勒纳（Harriet Lerner）所说，"母亲所能给予女儿最棒的礼物，就是尽可能过自己的人生。同样地，它也是给儿子以及给自己的礼物。"

愿读到这本书的你，能享受自己的人生角色。

图书在版编目(CIP)数据

危险关系:母亲与女儿的相处之谜/(日)斎藤环
著;高璐璐译. —上海:上海人民出版社,2023
ISBN 978-7-208-18298-1

Ⅰ.①危…　Ⅱ.①斎…　②高…　Ⅲ.①亲子关系-女
性心理学　Ⅳ.①B844.5

中国国家版本馆 CIP 数据核字(2023)第 084181 号

责任编辑　马瑞瑞　金　铃
封面设计　尚燕平

危险关系——母亲与女儿的相处之谜

[日]斎藤环　著

高璐璐　译

出　　版　**上海人民出版社**
　　　　　 (201101　上海市闵行区号景路 159 弄 C 座)
发　　行　上海人民出版社发行中心
印　　刷　上海盛通时代印刷有限公司
开　　本　890×1240　1/32
印　　张　7.75
插　　页　3
字　　数　124,000
版　　次　2023 年 7 月第 1 版
印　　次　2024 年 9 月第 2 次印刷
ISBN 978-7-208-18298-1/C·684
定　　价　58.00 元